Erik Eje Almqvist

Mit Hammer und Nagel

Haupt
GESTALTEN

Erik Eje Almqvist

Mit Hammer und Nagel

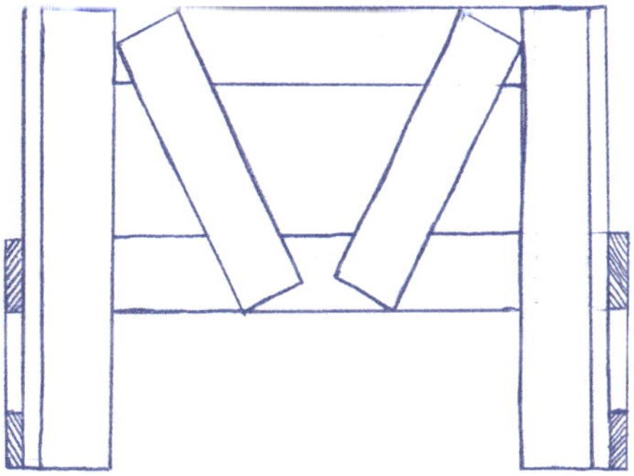

Holzmöbel bauen, inspiriert von Enzo Mari

Fotos von Hilda Grahnat

Haupt Verlag

Einführung

Möbel

Vorwort

Vor einigen Jahren fiel mir ein Buch in die Hände. Es hatte eine Spiralbindung, enthielt Schwarz-Weiß-Fotos und Montageanleitungen, um Möbel mit Nägeln und handelsüblichem Bauholz zu bauen. Die Möbel waren offensichtlich einfach gezimmert. Die Bretter aus Kiefernholz waren unbehandelt, die Nagelköpfe sichtbar und die Schnittkanten ungeschliffen.

Dennoch sahen die Möbel genial aus und wirkten bequem und harmonisch. Sie versteckten nichts. Im Gegenteil: Man konnte auf einen Blick sehen, wie sie zusammengebaut worden waren. Es schien, als ob man gleichzeitig einen Grundkurs in Konstruktionslehre und einen in Ergonomie belegt hätte.

Es war das Buch „Autoprogettazione?", das der italienische Designer Enzo Mari 1974 veröffentlichte. Als ich mehr über ihn las, hatte ich bald das Bild eines kompromisslosen Radikalen mit weißem Bart vor Augen, der voller Erfindergeist steckte, aber auch voll Kritik an gewissen Aspekten der modernen Kultur war. Er wurde für eine Reihe höchst unterschiedlicher Produkte mit Preisen ausgezeichnet, darunter ein schwingendes Stahltablett, ein tierförmiges Holzpuzzle, ein immerwährender Wandkalender aus Kunststoff, ein schräg geformter Papierkorb, der einen Drei-Punkte-Treffer mit einem zusammengeknüllten Dokument erleichtern sollte.

In alten Fernsehinterviews kaute er auf teuren Zigarren herum und verkündete gleichzeitig den geistigen Tod der westlichen Zivilisation. Er beklagte sich, dass die Rolle des Designers darauf reduziert worden wäre, sinnlosen Krempel zu entwerfen, der kaum eine andere Funktion hätte, als den Konsum auf einem Markt am Laufen zu halten, der ständig neue Waren fordere.

Mit 42 Jahren verfasste er das kleine Heft mit den Möbelzeichnungen. Es war eine ausgesprochene Protesthandlung.

Eine Art Anti-Design, das dem Arbeitsmodell gegenüberstand, bei dem ein Objekt entworfen, hergestellt, vermarktet und verkauft wird. Mari gab seine Entwürfe an alle gratis weiter, die ihm einen Umschlag mit Rückporto in seine Werkstatt in der Mailänder Piazzale Baracca schickten.

Viele interpretierten sein Buch als nostalgische Sehnsucht nach einer vorkapitalistischen Gesellschaft, in der die Menschen das, was sie benötigten, selbst bauten. Aber Mari wollte die Leute nicht einfach nur zum Konsumverzicht aufrufen. Eher wollte er sie zum Nachdenken über die grundlegenderen Aspekte der Dinge anregen, mit denen wir uns umgeben. Was ist ein Möbelstück? Was macht es schön? Wie bequem es ist, darauf zu sitzen? Die Funktionalität? Und warum kaufen wir uns gerade diese Einrichtungsgegenstände? Die Entwürfe waren, wie er selbst schrieb, eine Art, die Menschen dazu zu ermuntern, „mit den Händen zu denken".

Als ich Maris Anleitungen fand, fühlte ich mich wie „der Junge mit den Goldhosen" aus dem gleichnamigen schwedischen Fantasyfilm. In dem Film findet ein Junge eine Hose, in deren Taschen immer Geld vorhanden ist. Ich war mit meiner Familie gerade umgezogen und das Geld war knapp. Aber mithilfe dieser Anleitungen konnte ich unser ganzes Haus möblieren.

Leider waren die Maßangaben im Buch nicht besonders eindeutig. Die italienische Übersetzung war kryptisch.

Also begann ich, Maris Anleitungen genau zu studieren und zu testen. Während der Arbeit wurde deutlich, dass alle seine Möbel bestimmten Prinzipien folgten – rechtwinkliger Zuschnitt, überlappende, sichtbare Verbindungen, Maße und Winkel exakt der menschlichen Anatomie angepasst.

Dann entwarf ich die ersten eigenen Möbel, basierend auf denselben Grundsätzen. Nach und nach entstand dabei die Idee, dass daraus ein Buch werden könnte. Von Maris Verlag bekam ich die Erlaubnis, meine bearbeiteten Zeichnungen zu seinen Möbeln zu veröffentlichen.

Das Ergebnis ist kein Buch für geübte Möbeltischler. Im Gegenteil, ich will alle ermuntern, den Hammer in die Hand zu nehmen. Die beschriebenen Projekte und Methoden sind so einfach, dass wirklich jede und jeder sie problemlos nacharbeiten kann.

In einer Zeit, in der von Menschen, die in ihrer Freizeit beispielsweise Rad fahren oder kochen, erwartet wird, dass sie sich dafür eine Hightech-Ausrüstung zulegen und in handgeschmiedete Kochmesser investieren, möchte ich auch eine Lanze dafür brechen, ein Hobby ganz amateurhaft zu betreiben. Sie müssen sich weder teures Werkzeug kaufen noch sich mit uralten japanischen Verbindungsmethoden beschäftigen, um Ihre eigenen Möbel zu bauen.

An einem Esstisch zu sitzen, den man selbst gebaut hat, ist etwas sehr Befriedigendes. Aber dieses Tischlern für den Hausgebrauch kann auch von der Auffassung freimachen, dass nur andere etwas herstellen können und dass Konsum die einzig legitime Freizeitbeschäftigung ist.

Wie schon Enzo Mari sagte: Die beste Art zu vermeiden, dass man geformt wird, ist, etwas selbst zu erschaffen.

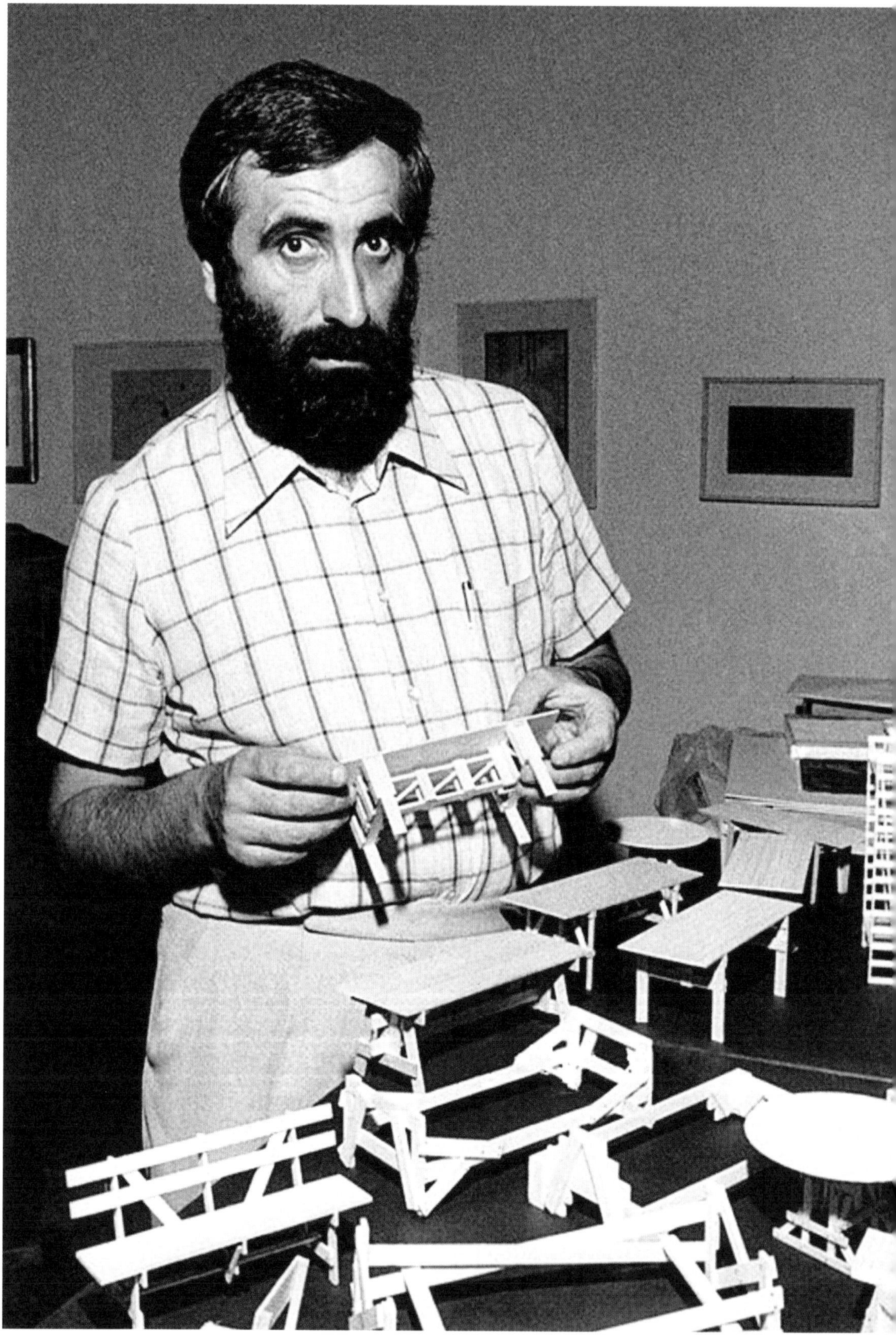

Nie zufrieden: Enzo Mari und die Gegenwart

Im Jahr 2006 war Enzo Mari zu einem Vortrag in der angesehenen Londoner Serpentine Gallery eingeladen. Die Stimmung unter den Architekten, Journalisten und Designstudenten, die sich im Saal versammelt hatten, war ausgelassen. Der Designer mit dem weißen Bart war zwar nicht so bekannt wie Man Ray, Jean-Michel Basquiat, Zaha Hadid oder die anderen Stardesigner, deren Werke in der Serpentine ausgestellt wurden, aber unter den Fachleuten war der Italiener berühmt-berüchtigt. In mehr als 50 Jahren hatte er eine große Bandbreite von Objekten geschaffen, von Zitronenpressen aus Kunststoff, raffiniertem Holzspielzeug bis zu modernistischen Stahlstühlen, die ein Teil der permanenten Ausstellung des New Yorker MoMA wurden.

Die bunt zusammengewürfelte Designproduktion wurde von einem kompromisslosen Theorieüberbau zusammengehalten. Mari verkündete, dass es die wichtigste Aufgabe eines Designers sei, praktische Lösungen zu schaffen, die das Leben der Menschen verbessern. Er war überzeugt davon, dass es für jedes anwendbare Objekt eine ideale Form gebe. Mit seinem deutlichen Widerstand gegenüber Dekorativem und Zugeständnissen an den Markt war er zu einer Art Gewissen der Branche geworden. Der Formgeber der intellektuellen Formgeber.

Der Vortrag wurde jedoch keine Retrospektive durch Maris Werk und seine Theorien, wie die meisten es erwartet hatten.

Es schien, als würde ihn der Zusammenhang selbst irritieren. Er schaffte es knapp über die Einleitung, bis er sich so ereiferte, dass er von seinem Hauptthema abwich und gegen alle Sachen wetterte, die er verabscheute.

Er stellte fest, dass die Designbranche praktisch tot sei und seine Kollegen sich größtenteils der Interpretation von Trends und der Herstellung „netter Dinge" widmeten, statt kreative Lösungen für reale materielle und philosophische Probleme zu schaffen. Sein Fazit: „Merda pura". Reine Scheiße.

Mari, ein bekennender Kommunist, fuhr weiter fort, die zeitgenössische Architektur und im Großen und Ganzen die gesamte westliche Zivilisation zu verdammen. Als er unter den Zuhörern den weltbekannten niederländischen Architekten Rem Koolhaas entdeckte, der damals den Jahrespavillon der Serpentine Gallery entworfen hatte, kanzelte er ihn als einen „pornografischen Schaufensterdekorateur" ab.

Während der schwarz gekleidete Koolhaas die Faust hob, nahm sich Mari weitere Dinge vor, die seiner Meinung nach im kapitalistischen Gesellschaftssystem schief gelaufen waren.

Im Anschluss fragte die Designkritikerin Alice Rawsthorn: „Gibt es gar nichts in der Gegenwart, das Ihnen zusagt?" Mari stand eine ganze Weile stumm da, bis er antwortete: „Brot und Terrorismus."

„Warum Terrorismus?", fragte Rawsthorn.

„Warum nicht?", antwortete Mari. „Die Leute glauben, er sei schlecht, aber wenn sie darüber nachdenken würden, würden sie einsehen, dass er nicht nur negativ ist. Er verändert auf jeden Fall den Stand der Dinge."

Man könnte Enzo Mari innerhalb der Designwelt mit Larry Davids gleichnamigem Helden aus der TV-Serie „Curb your enthusiasm" (auf Deutsch: Lass es, Larry!) vergleichen. Eine Person mit einem pathologischen Unvermögen zu schweigen, sobald die sozialen Normen seiner Umgebung nur minimal falsch klingen. Ein Mensch, der, anstatt sich an die Umstände anzupassen, überzeugt zu sein scheint, dass er seine Mitmenschen zur Veränderung animieren muss.

Ein Verhalten, das natürlich häufig zu großer Enttäuschung führte. So verlief Maris gesamte Karriere nach einem regelmäßigen Rhythmus, wenn er immer wieder das abriss, was er sich aufgebaut hatte: Drei Schritte vor – und zwei zurück.

Es war alles andere als selbstverständlich, dass der älteste Sohn von Luigi und Carolina Mari studieren konnte.

Vater Luigi hatte keine Ausbildung und schlug sich als Handwerker durch. 1915 ging er auf Schusters Rappen die 1000 Kilometer von seinem Geburtsort in Apulien in die Stadt Novara, westlich von Mailand. Dort traf er Carolina und bald darauf wurde ihr Sohn geboren.

Der Junge galt als so begabt, dass sie ihn auf das Gymnasium schickten, wo er sich in Kunstgeschichte vertiefte.

Aber als Enzo 14 Jahre alt war, erkrankte sein Vater und konnte nicht mehr arbeiten. Die Verantwortung für den Lebensunterhalt der Familie fiel nun auf den Sohn, der die Schule abbrach und anfing, als Straßenverkäufer zu arbeiten.

Jeden Morgen, wenn er zur Arbeit ging, sah er die Studenten der nahe gelegenen Kunsthochschule mit ihren Leinwänden vorbeigehen. Er kaufte sich Pinsel und vertiefte sich in seiner Freizeit in dicke Lehrbücher über Kunstgeschichte. Nach vier Jahren als Straßenverkäufer bewarb er sich selbst für die Kunstakademie.

Als er aber endlich Malerei, Bildhauerei und Einrichtung studieren durfte, steckten so viele Fragen in ihm, dass die Lehrer ihn ein ums andere Mal vor die Tür setzten, weil er den Unterricht störte. Bald wechselte er in einen Psychologiekurs und brach kurz darauf die Schule ab. Ohne ein Examen glückte es ihm dennoch, die neu gegründete Möbelfirma Danese zu überreden, sein raffiniertes Holzpuzzle mit den Silhouetten von 16 Tieren herzustellen, die man unterschiedlich miteinander kombinieren konnte.

Das Puzzle wurde ein unerwarteter Erfolg, dem ein Bilderbuch folgte. „La mela e la farfalla" (Der Apfel und der Schmetterling) sollte Kleinkinder über die Frage, was der Wurm im Apfel macht, zum Nachdenken über die verschiedenen Lebenszyklen anregen. Auch das Buch wurde ein Erfolg. Aber als Mari das Nachfolgewerk „L'uovo e la gallina" (Das Ei und die Henne) beim Verlag ablieferte, fand man dort, dass Mari bei seinen pädagogischen Ambitionen zu weit gegangen sei. Man könne kein Kinderbuch herausbringen, das mit „pornografischer Deutlichkeit" beschrieb, wie ein Ei befruchtet wird, hieß es.

Mari fand, dass er bereits bei der Darstellung des Paarungsaktes von Hahn und Henne genügend Selbstzensur geübt hätte, und weigerte sich, einen weiteren Kompromiss einzugehen.

Während der 1960er-Jahre begann Mari damit, billige, haltbare und flexible Möbel zu entwerfen. Dabei machte er sich die Materialeigenschaften von Kunststoff und Aluminium zunutze. Er fing an, an namhaften Schulen zu unterrichten. Als 1972 das MoMA in New York eine große Ausstellung über das italienische Design der Nachkriegszeit plante, lud man Mari und eine Handvoll weiterer Italiener ein, ihre Werke zu zeigen. Bei der Vernissage glänzten die Podien von Chrom und Kunststoff. Doch Mari entschied sich, ein Essay beizutragen, in dem er

Überlegungen zur Rolle des Designers im Klassenkampf anstellte und hinterfragte, ob es denn überhaupt noch etwas mit Ästhetik zu tun habe, wenn man Produkte entwirft, um sie auf einem Markt zu verkaufen.

Anfang der 1970er-Jahre wurde Mari von einer Depression befallen. Es begann mit einer Anfrage des Möbelproduzenten Driade, ob Enzo Mari ein Schlafsofa für sie entwerfen könne.

Mari sah das Angebot als eine Chance. Alle Schlafsofas, die er gesehen hatte, fielen bei ihm komplett durch und waren seiner Meinung nach „schwierig vom Sofa in ein Bett zu verwandeln". Aber Menschen, die auf engem Raum leben mussten, hatten ja einen mindestens genauso großen Bedarf an guten Möbeln wie die Besserverdienenden.

Er schuf ein „abgeschältes" Bett mit gebogenen Stahlbeinen. Die runde Rückenlehne konnte leicht nach hinten geklappt werden. Stolz verkündete Mari, dass die Konstruktion einfach genug sei, um billig verkauft werden zu können, aber stabil genug, um ein junges Liebespaar auszuhalten.

Vom Schlafsofa Day-Night wurden 10'000 Stück hergestellt. Der Verkauf entpuppte sich aber als Fiasko. Als der Hersteller später die nicht verkauften Exemplare zurückschickte, erkannte man, was schief gelaufen war: Das Möbelstück war zu billig. Die entsprechende Zielgruppe träumte von Wasserbetten und Marmor. Sie wollte lieber Möbel, die ihre Träume symbolisieren, als solche, die einfach nur ihren Bedarf decken.

Mari war von diesem Ergebnis so enttäuscht, dass er überlegte, den Beruf zu wechseln. Wenn er sowieso nur Sachen herstellte, die keiner verstand, könnte er genauso gut damit aufhören, so sein Fazit.

Doch dann kam er auf eine Idee, die, im Nachhinein betrachtet, typisch für Enzo Mari war. Wenn er Leute dazu bringen könnte, Möbel selbst zu bauen und zu entwerfen, würden sie dann vielleicht den Unterschied zwischen guten und schlechten Möbeln verstehen? Die Frage war nur wie.

Er sah ein, dass es unrealistisch wäre, dass die Allgemeinheit sich seine Kenntnisse über industrielle Herstellungsmethoden, modernes Material und Konstruktionslehre aneignen würde. Aber jeder hatte schon einmal einen Hammer in der Hand. Mari füllte sein Studio mit Brettern und begann zu nageln. Im Gegensatz zu Möbeltischlern, die mit handwerklich aufwendigen Holzverbindungen arbeiten, ließ er sich von den einfachen Gestaltungsprinzipien inspirieren, die man auf dem Land seit Jahrhunderten für Werkbänke und Gerüste anwendete: Wenn man zwei Bretter in einem gewünschten Winkel zusammennagelt, erhält man keine Stabilität, aber wenn man sie diagonal mithilfe eines weiteren Brettes miteinander verbindet, hat man ein Dreieck geschaffen – eine Konstruktion, die praktisch nicht mehr verrutschen kann.

Und mit so wenig Brettern wie möglich tischlerte er eine Möbelserie, ohne den Umweg über das Zeichenbrett zu gehen. Die Konstruktionen waren einfach. Sie erforderten keine schrägen Schnitte oder handwerklichen Vorkenntnisse. Auf den Zeichnungen ließ er keine exakten Abstände angeben, um die Leute zu ermuntern, eigene Änderungen vorzunehmen, und um ihr Bewusstsein für die Prinzipien der Konstruktionen zu stärken.

„Autoprogettazione?" – ein Heft mit Zeichnungen für 19 Möbel, wurde allen gratis zugeschickt, die dafür das Porto bezahlten. „Open source", noch bevor der Begriff erfunden war!

Ein Rezensent der Tageszeitung „Paese sera" fasste begeistert zusammen:

„Mit nur einem oder zwei Tagen Arbeit ist es nun möglich, eine ganze Wohnung mit Bett, Stühlen, Tisch,

Garderobe, Bücherregal, Schreibtisch und Bank zu möblieren. Die Kosten liegen bei 40'000 Lire pro Möbelstück, wenn man gehobelte Bretter verwendet. Die Hälfte, wenn man sich mit ungehobelten begnügt. ... Ist es schwer? Überhaupt nicht. Man benötigt weder Leim noch Holzverbindungen. ... Ist das naiv? Meint er, dass nun alle anfangen sollen, Bretter für ihre eigenen Möbel zu sägen und sie zusammenzunageln? Mari ist der Erste, der erkennt, wie utopisch die Initiative ist. Aber was soll ein Designer tun, wenn er – bislang ohne Erfolg – die aktuellen Trends durch haltbare und billige Gegenstände ersetzen will?"

Bald flatterten Tausende von Briefen und Anfragen von frisch bekehrten Hobbytischlern in den Briefkasten von Enzo Mari. „Autoprogettazione?" schien den Nerv der Zeit getroffen zu haben und weckte mehr Aufmerksamkeit als irgendetwas anderes, was er bis dahin gemacht hatte.

Aber als Mari die Briefe öffnete, wurde er enttäuscht. Einige kamen von Menschen, die Sommerhäuser in den Rocky Mountains oder Hütten in den Alpen hatten und diese in schickem, rustikalem Stil einrichten wollten. Andere kamen von naiven Radikalen, die sich für eine Rückkehr zu einem vorindustriellen Lebensstil aussprachen. Die meisten schienen die Möbel als Teil eines ästhetischen Trends zu sehen, einer – in Maris Augen – kitschigen Romantisierung von unbehandeltem Holz und Pseudohandwerk.

Mari wandte „Autoprogettazione?" den Rücken zu und machte sich auf zu neuen Projekten. Leichte Stahlmöbel, die fast schwerelos aussahen. Politische Kunst. Handgegossene Kunststoffvasen. Und er stritt weiter.

2013 schloss er sein Studio in der Piazzale Baracca in Mailand. In einem Interview mit der Designzeitschrift „Klat" fasste der 81-jährige Mari als Fazit zusammen:

„Mein ganzes Leben lang habe ich versucht, den Menschen die Scheuklappen von den Augen zu nehmen. Aber ich habe kläglich versagt."

Der einflussreiche Kunstkritiker Hans-Ulrich Obrist deutet das Lebenswerk des Italieners positiver: „Leider ist Mari nicht bekannter geworden. Aber wenn er nicht so anstrengend gewesen wäre und sich nicht geweigert hätte, die Spielregeln der Galerien und des Marktes anzuerkennen, würde man ihn heute als einen der Größten ansehen."

Die Zeichnungen aus „Autoprogettazione?" haben dennoch ein Eigenleben entwickelt. Man sieht die Möbel in Cafés, in Galerien und immer wieder auf DIY-Seiten im Internet. Maris ästhetisches Erbe findet sichtbar bei gefeierten Möbeldesignern wie Jasper Morrison, Kazuhide Takahama und Fredrik Paulsen seinen Niederschlag. Vielleicht kann man sogar sagen, dass die Autoprogettazione-Möbel genau da Erfolg hatten, wo Mari selbst gescheitert ist.

In den letzten Jahren scheinen die Ideen hinter den Möbeln mehr Anklang zu finden. Junge Designer, die sich an der Designsprache der Möbel orientierten, haben auch Maris ideologisches Streben nach Haltbarkeit, Funktion und Einfachheit Beachtung geschenkt.

In gewissem Maße handelt es sich bei dem Aufschwung wahrscheinlich um wiederkehrende Trends. Jetzt ist es wieder populär, mit Holz „do-it-yourself" zu arbeiten. Aber vielleicht liegt es auch daran, dass den Möbeln eine eigene Qualität innewohnt. Wenn Sie einen von Maris Tischen gebaut haben, sollten sie ihn einmal neben einen gekauften Tisch stellen. Der teurere Tisch, der nach komplexen Industriemodellen gebaut wurde, wird vor Ihren Augen eine Identitätskrise bekommen.

metabo

MUTTI
EKO
HEINZ
BAKED BEANS

Bevor Sie beginnen

Sie benötigen weder eine Werkstatt noch eine Hobelbank oder teure Maschinen, um die Möbel aus diesem Buch nachzubauen. Es genügen ein paar einfache Werkzeuge und eine ebene Fläche auf dem Fußboden oder auf einem stabilen Küchentisch. Es ist aber wichtig, dass Sie sich vorher mit einigen grundlegenden Prinzipien und Techniken vertraut machen. Befolgen Sie sie, dann stehen die Chancen gut, dass Sie mit einfachen Mitteln Möbel bauen, die haltbar und gleichzeitig schön sind.

Werkzeug

BENÖTIGTES WERKZEUG:

- Hammer, Nägel und Holzleim (oder Schraubenzieher und Schrauben)
- Säge – wenn Sie sich nicht schon alles im Baumarkt zuschneiden lassen
- Maßband oder Zollstock
- angespitzter Bleistift

NÜTZLICHES WERKZEUG:

- Schleifpapier, Schleifklotz, Anschlagwinkel, Bohrer
- Holzöl, Lack, Seife oder Farbe
- Kneifzange
- Stemmeisen

TRÄLIM
TRÄLIM
TRELIM
PUULIIMA
SikaBond® 530
Sika
750 ml

5820
Planhyvlad
21x43
Obh
3600mm
EHL

Holz

Für diese Möbel hier eignet sich meiner Meinung nach Kiefernholz am besten. Frisch gesägtes Kiefernholz ist hell, wird aber gelber, wenn es geölt ist oder länger dem Licht ausgesetzt wird. Natürlich kann man auch andere Holzarten verwenden, wie zum Beispiel Fichte.

Für Tischplatten und andere große Oberflächen kann man aus technischer Sicht auch Sperrholz oder Hartfaserplatten verwenden, es wirkt aber lebendiger, wenn man mehrere schmalere Bretter zusammenfügt.

Es lohnt sich, im Baumarkt die Bestände durchzusehen und die besten Bretter herauszusuchen. Für manche sind dunkle Aststellen Schönheitsfehler, aber ich finde, dass sie auch gut aussehen können. Lassen Sie krumme Bretter aber besser stehen.

Die Möbel in diesem Buch wurden mit Brettern gebaut, die 21 mm dick sind. Sie können jedoch auch leicht dickere oder dünnere Bretter verwenden. Wenn sich dadurch etwas an den anderen Maßangaben ändert, ist dies jeweils beim Projekt selbst angegeben.

Verbindungen

In den Zeichnungen und Montageanleitungen für die Möbel wird nicht angegeben, wie die Holzteile miteinander verbunden werden. Dafür gibt es verschiedene Methoden, von denen ich die einfachsten hier erkläre.

Darüber hinaus gibt es mehrere schwierigere Techniken, um die Verbindungen völlig unsichtbar zu machen. Dafür benötigt man aber großes handwerkliches Geschick oder teure Maschinen und so empfehle ich sie nicht für diese Möbel – hier ist ja die Idee, dass das fertige Möbelstück seine Konstruktion offen zeigen soll.

NÄGEL

Es gibt viele verschiedene Sorten von Nägeln. Drahtstifte zählen zu den gebräuchlichsten und sie passen auch zu unserer Art von Holzarbeit. Ihr großer platter Kopf schützt die Möbel, die im Freien stehen, denn sie hindern das Wasser daran, ins Holz einzudringen. Wenn die Nagelköpfe nicht sichtbar sein sollen, kann man Stauchkopf-Nägel verwenden, die einen konischen Kopf haben. Für Möbel, die im Freien stehen, sollte man galvanisierte oder verzinkte Nägel verwenden, die nicht rosten.

Ist das Holz hart oder auch nur sehr trocken, hilft es, den Nagel kurz in Wasser zu tauchen, dann lässt er sich leichter in das Brett schlagen. (Deshalb spucken Tischler manchmal auf den Nagel.)

Wenn Sie Nägel einschlagen, halten Sie den Hammer ganz hinten am Schaft, um die ganze Schwungkraft auszunutzen. Jede Verbindung benötigt zwei Nägel. Vermeiden Sie, beide längs in dieselbe Maserung zu schlagen. Stirnseiten und Kanten splittern leicht beim Nageln, besonders bei dünnem Holz. Um Rissen vorzubeugen, kann man die Nagelspitze vor dem Einschlagen mit einem Hammerschlag abstumpfen.

Verwenden Sie am besten ein Lineal, damit die Nagelköpfe symmetrisch und in einer Linie sitzen. Wo es möglich ist, sollte man die Nägel schräg und kreuzweise einschlagen, weil sie dann besser halten. Verbiegt sich der Nagel, zieht man ihn heraus und schlägt einen neuen in dasselbe Loch, achtet aber darauf, dass der Nagel gerade eindringt. Hinterlässt der herausgezogene Nagel eine unschöne Stelle im Holz, betupfen Sie sie mit warmem Wasser, damit sich die Fasern aufstellen. Wenn sie getrocknet sind, schleifen Sie mit Schleifpapier darüber.

Um einen möglichst guten Halt zu erreichen, muss der Nagel mindestens zu zwei Dritteln seiner Länge im Holz sitzen. Die meisten Bretter in diesem Buch sind 21 mm dick, es können aber auch Bretter mit einer davon abweichenden Dicke verwendet werden. Was dabei zu beachten ist, wird beim jeweiligen Projekt erwähnt. Verbindet man Bretter mit 21 mm Dicke, sollte man in der Regel Nägel verwenden, die mindestens 60 mm lang sind. Bei einigen Konstruktionen würde ein 60 mm langer Nagel auf der anderen Seite herausragen. In diesem Fall muss man stattdessen einen Nagel mit 40 mm Länge verwenden, die Verbindung aber noch mit Holzleim auf den beiden Oberseiten der Bretter verstärken.

Und wenn Sie schon den Leim herausgeholt haben, empfehle ich, dass Sie ihn bei allen genagelten Verbindungen benutzen. Man will doch nicht riskieren, dass der selbst zusammengezimmerte Stuhl zusammenbricht! Wenn man nichts gegen einen sehr rauen optischen Eindruck hat, kann man als haltbare Alternative den langen Nagel ganz einschlagen und ihn auf der Rückseite in Faserrichtung des Holzes umbiegen – aber erzählen Sie das bloß nicht meinem alten Lehrer in der Möbeltischlerschule in Rødovre in der Nähe von Kopenhagen. Er würde mich auf der Hobelbank festspannen und mir die Holzspäne von der Bandsäge in die Augen blasen.

HOLZLEIM

Wenn man die Möbel mit Nägeln zusammenbaut, empfehle ich, wie schon gesagt, die Verbindungen mit Leim haltbarer zu machen. Sollen die Möbel im Freien stehen, verwendet man am besten einen Holzleim, der Frost und Feuchtigkeit verträgt.

So wird geleimt: Verteilen Sie etwas Leim auf beiden Oberflächen. Es sollte so viel sein, dass eine kleine Menge davon zwischen den Holzstücken herausquillt, wenn man diese zusammenpresst. Mithilfe eines Pinsels lässt sich der Leim in gleichmäßig dünnen Schichten auftragen. Legen Sie das Holz wie gewünscht zusammen und fixieren Sie es mit Nagel oder Schraube. Achten Sie darauf, dass die Holzstücke gut zusammengepresst werden und lassen Sie die Verbindung trocknen. Mit einem nassen Lappen wischt man die sichtbaren Leimreste ab. Man kann sie auch antrocknen lassen und später mit einem Messer oder einem Stemmeisen abkratzen. Den Rest entfernt man dann mit einem Stück Schleifpapier.

SCHRAUBEN

Wenn es allein um die Haltbarkeit geht, sind Schrauben, die sich ins Holz hineindrehen, den Nägeln überlegen. Mit einem Akkuschrauber ist es außerdem leichter, die Verbindungen mit größerer Präzision zu fertigen. Die Schraubenköpfe wirken aber viel maschineller, was nicht zu allen Möbeln passt.

Um sicherzugehen, dass das Holz beim Schrauben nicht splittert, kann man die Löcher vorbohren. Das Bohrloch sollte dabei etwas kürzer und schmaler sein als die Schraube. Wer nicht vorgebohrt hat, sollte wie beim Nageln vermeiden, mehrere Schrauben in die gleiche Maserung zu drehen. Ein anderer Trick, damit nichts splittert: Drehen Sie die Schraube nicht komplett auf einmal hinein. Drehen Sie stattdessen nach den ersten 1–2 cm die Schraube wieder halb heraus, drehen Sie sie weitere 1–2 cm hinein und machen Sie so weiter, bis der Schraubenkopf fest im Holz versenkt ist.

Messen Sie am besten mit einem Lineal ab, damit die Schrauben gerade und mit gleichmäßigem Abstand zueinander sitzen. Verwenden Sie Holzschrauben mit versenkbarem Kopf, die kein Vorbohren erfordern.

Die Schraube sollte ungefähr so lang sein wie das Holz dick ist, das verbunden werden soll (ohne, dass die Spitze auf der Rückseite herausragt). Weil fast alle Bretter in diesem Buch 21 mm dick sind, sollte man in der Regel Schrauben von 40 mm Länge verwenden. Die Länge der benötigten Schrauben richtet sich nach der Dicke der verwendeten Bretter: Bei einem Brett von 19 mm Dicke beträgt die Länge der benötigten Schrauben 35 mm, bei dickeren Brettern verwenden Sie entsprechend längere Schrauben.

Mit Holzdübeln kann man die Schrauben ganz verbergen. Das wirkt eleganter, entspricht aber eigentlich nicht den Prinzipien, die Mari mit diesen Möbeln verband. Wer dennoch mit Holzdübeln arbeiten will, bohrt mit einem Spiralbohrer im Durchmesser des Schraubenkopfes so tief, wie der Dübel dick ist. Für die Schraube bohrt man mit einem schmaleren Bohrer vor, zieht die Schraube nach unten und leimt den Dübel in das Loch. Mit einem Stemmeisen und Sandpapier glättet man danach die Oberfläche.

MEHRERE BRETTER IN EINER REIHE MONTIEREN

Wenn man beim Bau einer Tischplatte beispielsweise mehrere Bretter nebeneinander montiert, legt man sie so, dass die Ausrichtung der Jahresringe beim Hirnholz immer abwechselnd mal zur einen und mal zur anderen Seite zeigt. Holz ist ein lebendiges Material, das sich durch die Feuchtigkeit im Holz und in der Luft verändert. Indem die Kernseite immer abwechselnd gelegt wird, zieht die Spannung im Holz in verschiedene Richtungen und verhindert, dass die Tischplatte sich zu sehr verzieht, vor allem, wenn man sie verleimt hat.

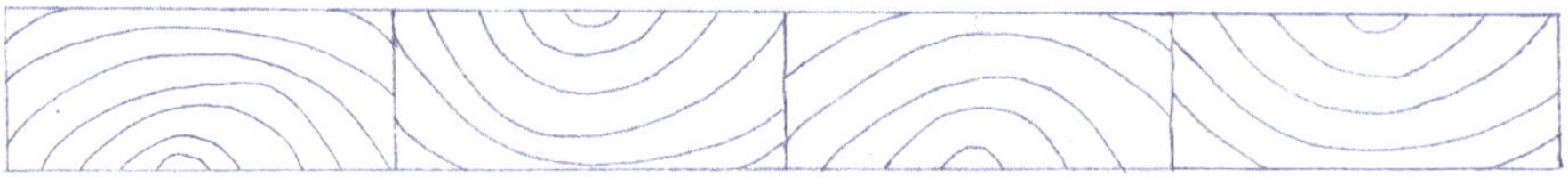

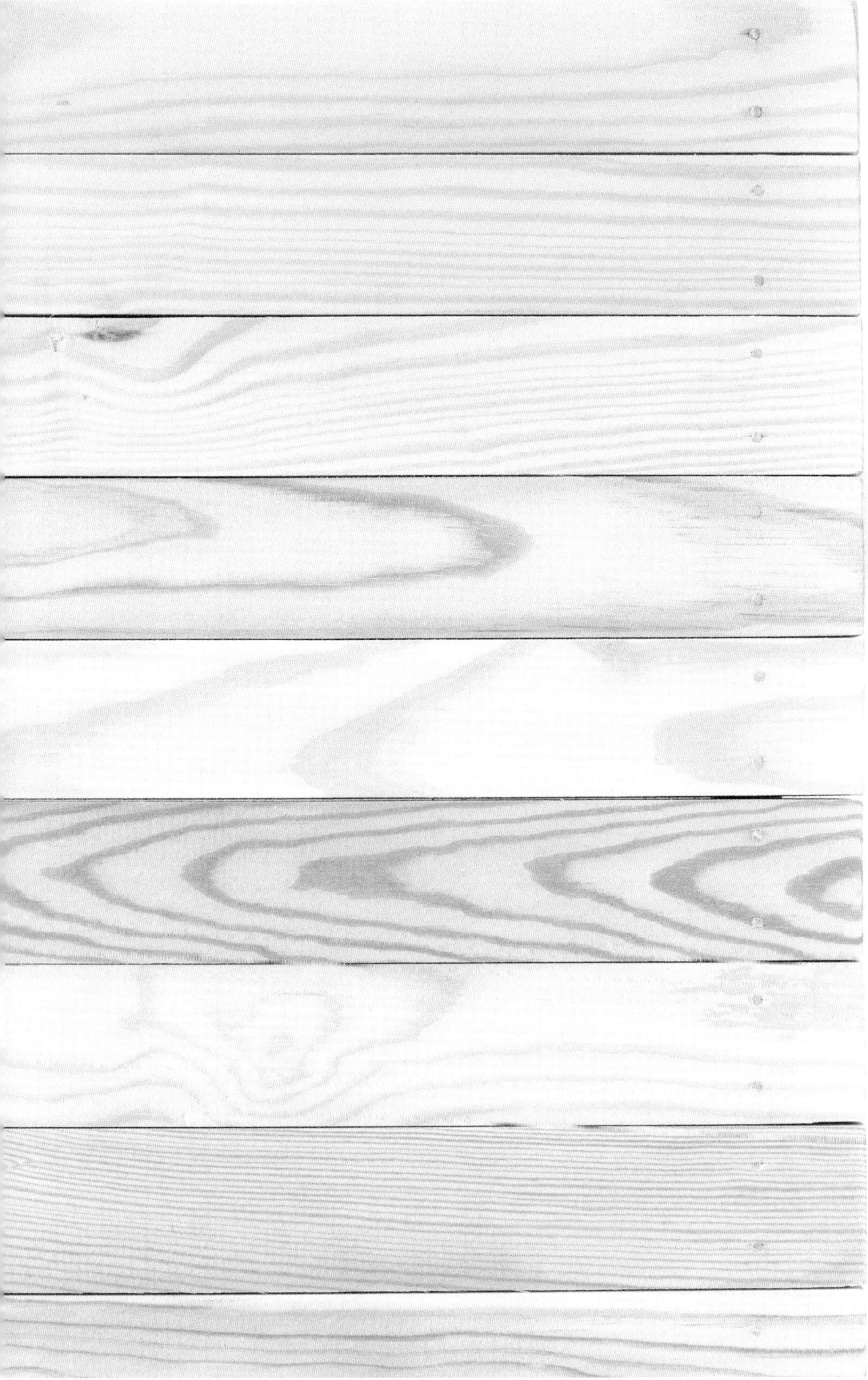

ProfCut
BOSCH

Säge

Wenn Sie lediglich ein einzelnes Möbelstück bauen wollen, gehen Sie am besten mit der Materialliste in einen Baumarkt und lassen sich dort das Holz zuschneiden. Dann stimmen die Maße und der Schnitt ist sauber und gerade. Nehmen Sie sich auch die Reststücke als Reserve mit, falls beim Bau später etwas schiefläuft.

Wenn Sie das Holz selbst zuschneiden möchten, funktioniert das mit jeder Holzsäge, solange Sie exakt messen. Die Möbel in diesem Buch erfordern meist nur einfache rechte Winkel im Schnitt. Wenn Sie nur einen Fuchsschwanz besitzen, reicht dieser sogar, auch wenn der Schnitt dann nicht so perfekt aussehen wird wie beispielsweise mit einer Feinsäge oder einer Japansäge. Aber egal, welche Säge Sie verwenden, die Sägezähne müssen scharf sein. Halten Sie die Säge gerade und schieben Sie sie ohne größeren Druck vor und zurück. Benutzen Sie dabei am besten auch eine Gehrungsschneidlade, die einen geraden Schnitt erleichtert. Hilfreich kann auch ein Anschlagwinkel sein, um einen geraden Strich zu ziehen, auf dem man dann sägt.

Schleifpapier

Schleifpapier, auch Sand- oder Schmirgelpapier genannt, hat unterschiedliche Körnungen, die auf der Rückseite durch eine Zahl gekennzeichnet wird. Je höher die Zahl, desto feiner die Körnung. Da die Entwürfe in diesem Buch für glatt gehobeltes Holz gedacht sind, muss man eigentlich nur die Sägeschnitte sowie die Kanten und Ecken schleifen. Dafür reicht ein relativ feines Schleifpapier mit einer Körnung zwischen 180 und 320, wobei Sie auch mit einer Körnung von 120 starten können. Ich schleife das Holz meistens direkt nach dem Sägen mit einem Schleifklotz aus Kork. Man arbeitet dabei immer in Faserrichtung des Holzes. Später gehe ich dann bei dem fertig montierten Möbelstück etwas gründlicher mit Schleifpapier über die Kanten und Ecken. Das kann ohne Schleifklotz gemacht werden, das Papier formt sich in der Hand und folgt dem Holz. Bearbeiten Sie nicht nur die sichtbaren Teile, sondern runden Sie auch die Kanten ab, mit denen Sie später beim Anheben der Möbel in Berührung kommen.

I POMODORI
DE CECCO
POMODORINI
MADE IN ITALY
EKO

Oberflächenbehandlung

Sollen die Möbel im Haus stehen, müssen sie nicht unbedingt behandelt werden. Mit der Zeit erhalten sie dann eine lebendige Patina, werden aber auch anfälliger für Flecken und Abnutzung.

Wollen Sie die Möbel bemalen, ölen oder lackieren, erzielen Sie das beste Ergebnis, wenn Sie das vor dem Montieren der Einzelteile tun. Bei deckenden Farben wird man die Nagel- oder Schraubenköpfe dann stärker wahrnehmen. Wenn Ihnen das nicht gefällt, tupfen Sie einfach nach der Montage etwas Farbe darüber.

Zeichnungen

Bevor Sie mit einem Projekt beginnen, empfehle ich, die Zeichnungen gründlich zu studieren. Darin findet man eigentlich alle notwendigen Informationen.

Die mit 1., 2., 3. usw. durchnummerierten Montageanleitungen können meist als Unterstützung und Vorschlag für die Reihenfolge gesehen werden, in der die verschiedenen Teile zusammengebaut werden sollen. Geübte Heimwerker benötigen sie eventuell gar nicht und arbeiten nur nach den Zuschnitt-Tabellen und den Zeichnungen.

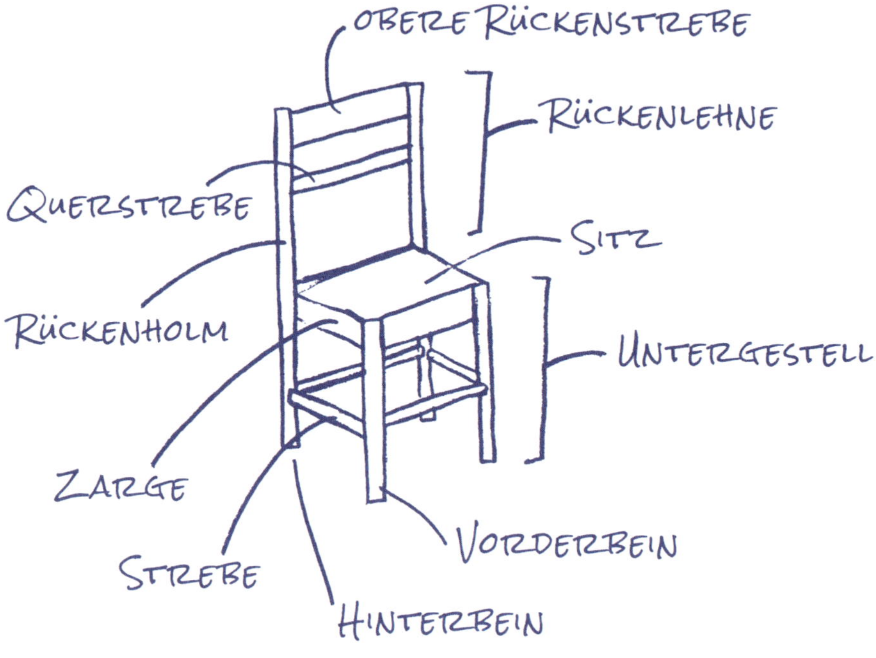

Anatomie des Stuhls – machen Sie sich mit den Bezeichnungen für die einzelnen Teile eines Sitzmöbels vertraut, dann finden Sie sich leichter in den Anleitungen zurecht.

Eigene Möbel entwerfen

Eine meiner größten Hoffnungen, die ich mit diesem Buch verbinde, ist, dass es Leserinnen und Leser ohne Vorerfahrung dazu inspiriert, ihre eigenen Möbel zu bauen. Dabei muss man den Bauzeichnungen nicht sklavisch folgen. Im Gegenteil: Ich ermuntere ausdrücklich dazu, die Zeichnungen mehr als Vorschlag als eine Vorgabe zu betrachten. Alle Möbel dieses Buches sind auf Grundlage einiger gemeinsamer Prinzipien konstruiert. Wer diesen folgt, kann auch eigene Entwürfe umsetzen, die den Entwürfen hier ähneln:

- Arbeiten Sie nur mit geraden Schnitten.
- Lassen Sie die Holzstücke so einfach wie möglich aufeinandertreffen. Eine gute Faustregel dazu ist, dass ein Betrachter des Möbelstücks verstehen sollte, wie es zusammengebaut wurde. Montieren Sie die Bretter lieber über- oder aufeinander, als sie an den Stirnseiten zu verbinden.
- Vermeiden Sie es, Teile hinzuzufügen, die für die Funktion, die Stabilität oder den Komfort nicht notwendig sind.
- Lassen Sie die Funktion über die Form bestimmen.

Darüber hinaus gibt es einige Maße, die man kennen sollte, damit die Möbel den menschlichen Proportionen angepasst sind:

Sitzhöhe des Stuhls an der Vorderkante: 400–450 mm
Sitzhöhe des Stuhls an der Hinterkante: 10–50 mm tiefer als die Höhe an der Vorderkante
Sitzwinkel (zwischen Sitz und Rückenlehne): 93–110°
Tiefe der Sitzfläche: 370–460 mm
Breite der Sitzfläche: mindestens 360 mm

Höhe der Armlehnen: circa 200 mm höher als die Sitzhöhe des Stuhles an der Vorderkante des Sitzes

Breite zwischen den Armlehnen: mindestens 430 mm

Tischhöhe: 300 mm höher als die Sitzhöhe der Stühle, also 700–750 mm

Tischplatte: Jede Person benötigt circa 600 mm Platz in der Breite, um sich nicht eingeengt zu fühlen, und mindestens 350 mm in der Tiefe, damit genügend Platz für Teller, Besteck und Gläser ist. Ein rechteckiger Tisch für vier Personen sollte also mindestens 1'200 mm (600 + 600) breit und 700 mm (350 + 350) tief sein.

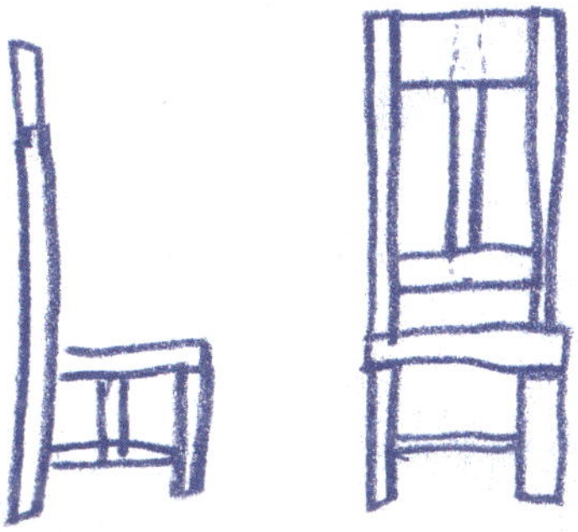

BITTE BEACHTEN

1. Studieren Sie die Bauzeichnungen und die Fotos gründlich. Sie geben oft eine genauere Anleitung als die Texte.
2. Die Anleitungsschritte sollen nur als Vorschlag verstanden werden, in welcher Reihenfolge man am besten die verschiedenen Arbeitsgänge ausführt.
3. „Verbinden“ bedeutet, dass man entweder leimt und nagelt oder verschraubt. Alle genagelten Verbindungen benötigen mindestens zwei Nägel.
4. Eine beschriftete Skizze mit den Bezeichnungen für die verschiedenen Teile der Sitzmöbel befindet sich auf S. 44.

Schafstuhl

Als Auftakt eine leichte Variante von Enzo Maris Stuhl-Ikone aus seinem Buch „Autoprogettazione?“. Dieser Stuhl erinnert mich mit seinem etwas klobigen Körper und den schmalen Beinen an ein Mutterschaf. Er eignet sich gut als Anfängerstück, weil er so einfach zu bauen ist. Die Konstruktion ist von genialer Schlichtheit. Die Zargen sind so breit, dass der Stuhl keine stabilisierende Strebe benötigt. Trotz seines rustikalen Charakters ist der Stuhl bemerkenswert bequem.

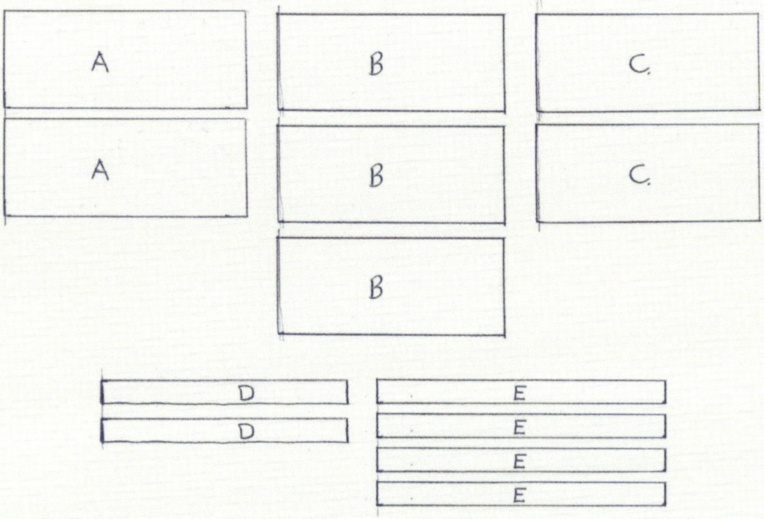

Teile	Größe	Länge	Anzahl
A	195 × 21 mm	520 mm	2
B	"	475 mm	3
C	"	470 mm	2
D	43 × 21 mm	610 mm	2
E	"	440 mm	4

Anmerkung zu den Maßen: Wenn Sie Bretter verwenden, die dünner als 21 mm sind, müssen Sie B entsprechend kürzen, wenn dieses Teil mit den anderen Hölzern bündig abschließen soll. Wenn Sie dickere Bretter verwenden, muss die Länge von B entsprechend verlängert werden.

1. Als Erstes werden die Seiten montiert: Die Beine (E) an den seitlichen Zargen (C) befestigen.
2. Die Seitenteile nun an die vordere und die hintere Zarge (B) nageln oder damit verschrauben. Um dem Sitz eine leichte Neigung zu geben, wird die hintere Zarge 21 mm unter der Kante angebracht. Verwenden Sie eines der Bretter als „Abstandshalter" – zufällig sind sie ja 21 mm dick.
3. Die Sitzplatten (A) auflegen und befestigen.
4. Für die Rückenlehne wird (B) als obere Rückenstrebe an die Rückenholme (D) genagelt oder geschraubt.
5. Die Rückenholme (D) an den seitlichen Zargen (C) befestigen. Um eine bequeme Neigung der Rückenlehne zu erhalten, sollten die Rückenholme am oberen Ende der Hinterbeine anliegen, ihr unterstes Ende aber 35 mm davon abstehen.

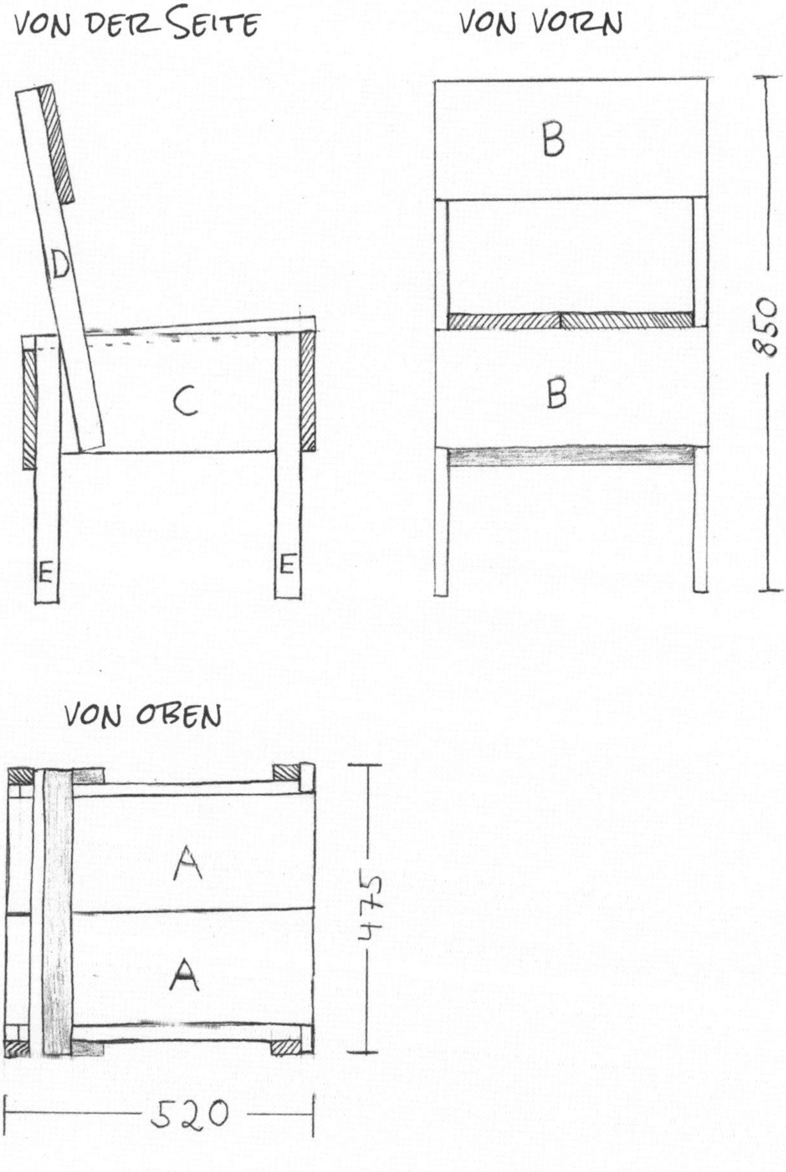
VON DER SEITE
D
C
E
E
VON VORN
B
B
850
VON OBEN
A
A
475
520

Shaker-Stuhl mit Schräge

Die religiöse Shaker-Bewegung war im 19. Jahrhundert besonders für zwei Dinge bekannt: für ihre ekstatischen Tänze während der Gottesdienste und für ihre Handwerkskunst.

Ihr Glaube und ihre Lebensphilosophie scheinen sich auch im Design ihrer Möbel widerzuspiegeln. Ornamente, die allein zur Verzierung dienten, waren verboten. Die Funktion bestimmte über die Form. Im Gegenzug sollte jeder Schnitt, jede Verbindung und die Behandlung der Oberflächen so sorgfältig wie möglich gearbeitet werden. Auf diese Weise waren allein das Material und seine konstruktive Verarbeitung Dekoration genug.

Shaker-Stühle hatten häufig geflochtene Sitzflächen und einen rahmenförmigen Rücken. An den Rückenlehnen konnte man sie an die Hakenleisten hängen, die in den Gemeinschaftswohnhäusern der Bewegung überall als Wandpaneele befestigt waren. So konnte man nicht nur den Fußboden freiräumen, sondern die aufgehängten Möbelstücke dienten auch als Dekoration.

Ein Problem stellt sich für alle, die Sitzmöbel entwerfen: Wie erhält man eine bequeme Schräge des Sitzes und der Rückenlehne? Vor einiger Zeit sah ich ein Foto eines alten Shaker-Stuhls, bei dem der Tischler die ergonomische Herausforderung gelöst hat, indem er den gesamten Stuhl in eine Schräge brachte.

Hier bin ich von der bestechenden Idee des alten Stuhls ausgegangen und habe versucht, seine charakteristischen Eigenschaften mit den einfachen Konstruktionsprinzipien von Enzo Mari in Einklang zu bringen.

1. Beginnen Sie mit der Rückenlehne: Zuerst das unterste D-Teil 43 mm vom Boden entfernt an den beiden Rückenholmen (G) befestigen. Dann die weiteren D-Teile von unten nach oben anbringen. Der Abstand zwischen ihnen beträgt jeweils 148,5 mm von Oberkante zu Oberkante.
2. Eines der Vorderbeine (B) an eine der Streben (A) montieren, sodass diese 30 mm über der Unterkante des Stuhlbeines sitzt. Benutzen Sie am besten einen Anschlagwinkel, damit der Winkel auch genau 90° hat. Wiederholen Sie diesen Schritt dann mit dem zweiten Vorderbein – jedoch spiegelverkehrt.
3. Die beiden Seitenteile (C) der Zargen an der Oberkante der Vorderbeine befestigen. Dabei auf den rechten Winkel achten.
4. Die beiden Vorderbeine zusammensetzen, indem das vordere Zargenteil (E) in dem Winkel zwischen B und C befestigt wird.
5. Rücken- und Vorderteil zusammenbauen. Achten Sie darauf, dass die Strebe (A) am Boden 70 mm über das Hinterbein hinausragt.
6. Die Latten für die Sitzfläche (F) passend auflegen und befestigen. Beachten Sie die versetzte Ausrichtung nach den Jahresringen im Hirnholz (siehe Seite 36).

Teile	Größe	Länge	Anzahl
A	43 × 21 mm	500 mm	2
B	"	460 mm	2
C	"	430 mm	2
D	"	"	7
E	"	"	1
F	"	"	9
G	"	998 mm	2

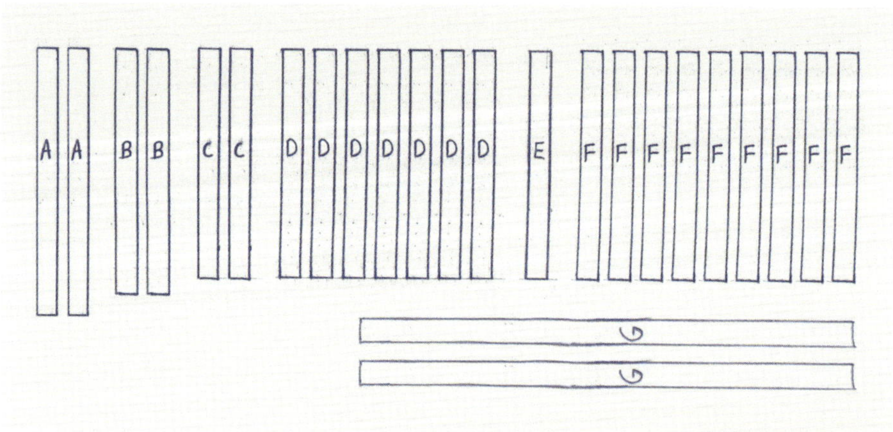

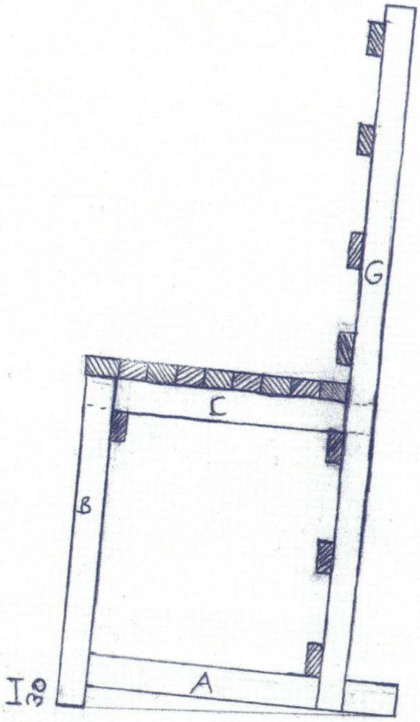

VON DER SEITE

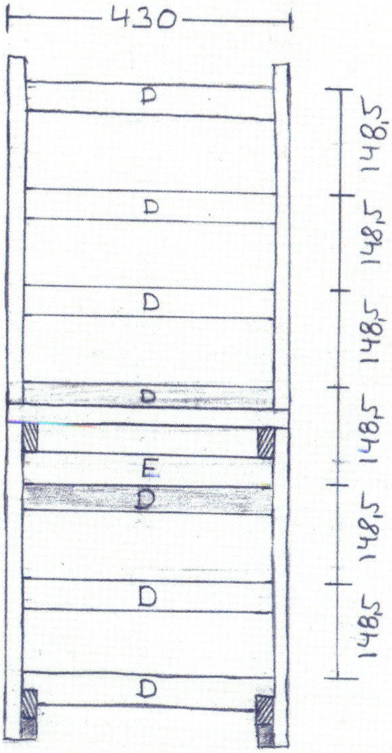

VON VORN

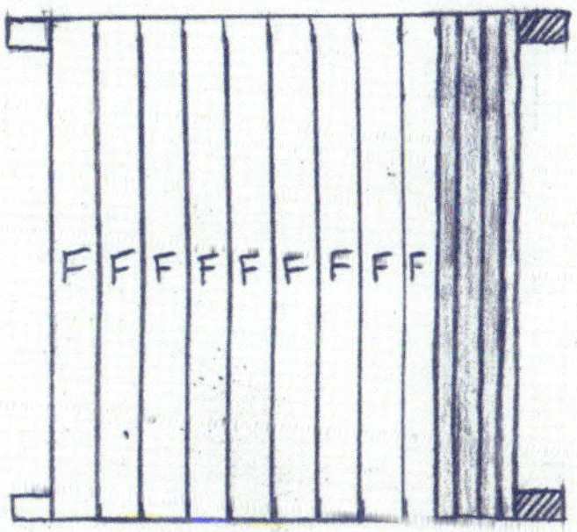

VON OBEN

Sprossenstuhl

Mitte des 19. Jahrhunderts entdeckte eine schwedische Adlige in Småland einen amerikanischen Stuhl mit gedrechselten Sprossen, die in die Sitzfläche eingelassen waren. Sie war davon so begeistert, dass sie einen Tischler im kleinen Dorf Svenarum beauftragte, ihr einige solcher Stühle aus småländischer Birke zu bauen.

Die Sitzmöbel wurden bald so beliebt, dass der Tischler sich auf den Bau dieser Sprossenstühle spezialisierte. Schnell machten es ihm andere nach und in den folgenden Jahren entstanden mehrere Sprossenstuhlfabriken in der südschwedischen Region. Bald zählten die Sprossenstühle zu den bekanntesten schwedischen Möbeln.

Bis heute findet man Sprossenstühle überall in Schweden. Sie stehen in alten Bauernhäusern und in modrigen Vereinsheimen, aber auch in Sterne-Restaurants und Designerläden. In vielerlei Hinsicht sind sie ein geniales Sitzmöbel. Sie benötigen wenig Material und sind bequem. Und sie sind ohne irgendwelchen Schnickschnack und auf anspruchslose Art einfach schön. Ein „Volksmöbelstück" in alter Bauernmöbeltradition, vereint mit industrieller Produktion. Der Stuhl aller Stühle.

Während der Arbeit an diesem Buch wollte ich herausfinden, ob es möglich ist, einen Sprossenstuhl herzustellen, der so einfach konstruiert ist wie ein Fabrikmöbel in Serienproduktion, dabei aber so individuell ist wie ein handgefertigter Stuhl – und das ohne Industriewerkzeug oder aufwendige Tischlereiarbeiten.

Alle Teile sind 430 mm lang, bis auf die Hinterbeine, die genau doppelt so lang sind.

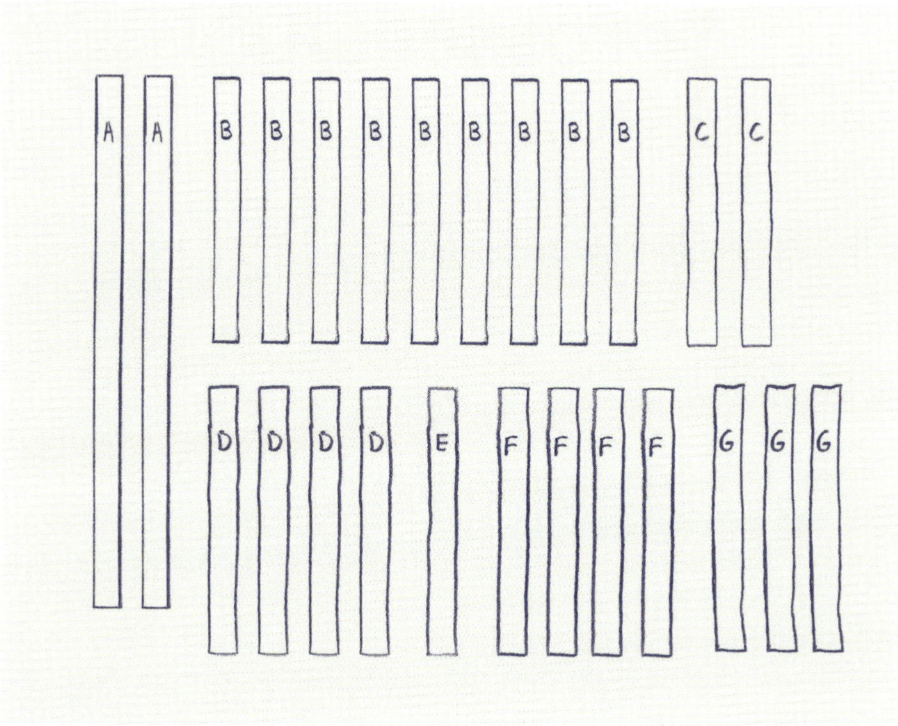

1. Zuerst werden die Streben des Stuhls montiert: Dazu ein G-Teil mittig an den beiden unteren F-Teilen in Form des Buchstabens H befestigen. Das G-Teil soll auf jeder Seite 21 mm überstehen.
2. Das so entstandene Teil an den Innenseiten der Stuhlbeine (A und C) 150 mm vom Boden entfernt anbringen.
3. Nun die Zargen montieren. Um der Sitzfläche eine leichte Neigung zu geben, werden die beiden übrigen F-Teile 370 mm vom Boden aus an den Hinterbeinen (A) angebracht. Ihre Oberkanten müssen innen am oberen Teil der Vorderbeine (C) bündig abschließen. Danach die zwei restlichen G-Teile so an den Beinen befestigen, dass sie an den Unterkanten der F-Teile sitzen.
4. Die Lattenteile (B) für den Sitz auflegen und auf F befestigen.
5. Jetzt kann das Oberteil (E) der Rückenlehne mit den hinteren Stuhlbeinen (A) zusammengebaut werden. Die Oberkante der Rückenlehne muss 430 mm oberhalb der Unterkante der Sitzfläche sitzen. Verwenden Sie eine der „Sprossen" (D) als Abstandshalter.
6. Wenn abschließend die Lattensprossen (D) an der Rückenlehne und der Sitzfläche angebracht werden, erhält die Rückenlehne eine bequeme Neigung. Der Sprossenabstand sollte 43 mm betragen – man kann dabei die Sprossen als Abstandshalter benutzen. Legen Sie beim Montieren der Latten den Stuhl flach auf den Boden, damit er stabil liegt, vor allem, wenn Sie mit dem Hammer arbeiten.

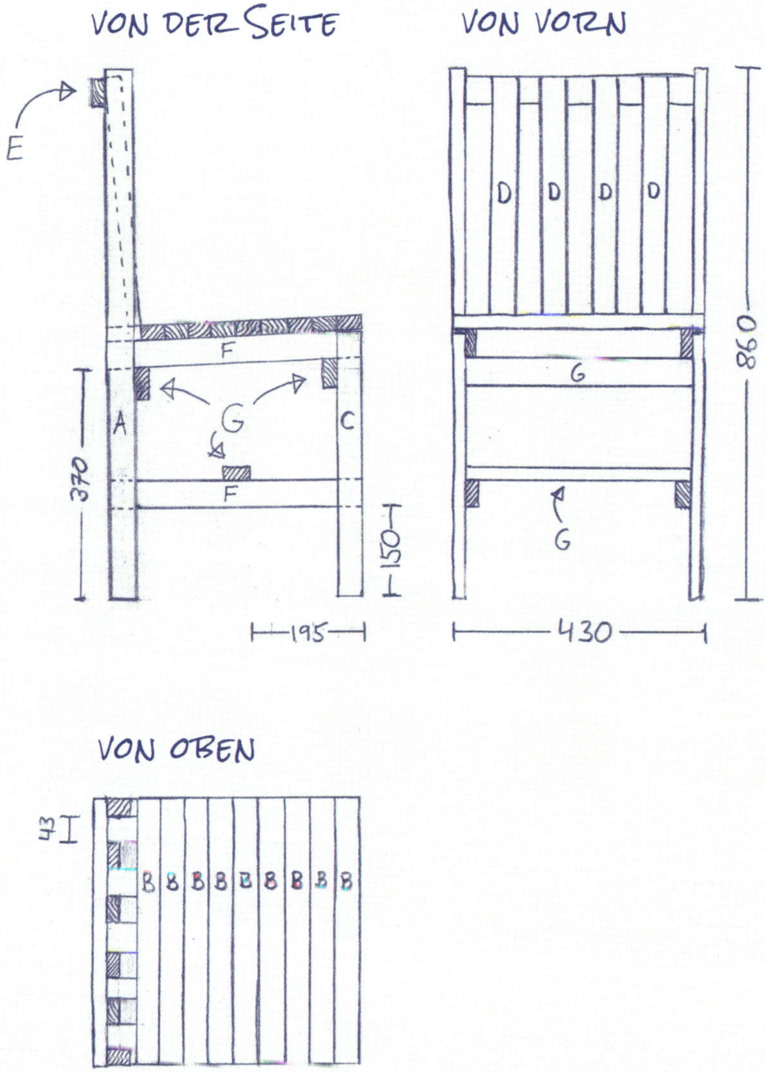

VON DER SEITE
VON VORN
VON OBEN
E
F
G
A
C
F
370
150
195
D D D D
G
G
860
430
43
B B B B B B B B B

Möbel

Teile	Größe	Länge	Anzahl
A	21 × 43 mm	860 mm	2
B	"	430 mm	9
C	"	"	2
D	"	"	4
E	"	"	1
F	"	"	4
G	"	"	3

Gartenstuhl

Diesen Autoprogettazione-Stuhl von Enzo Mari habe ich so angepasst, dass man ihn als Gartenstuhl auch im Freien benutzen kann. Durch die Abstände zwischen den Sitzbrettern lässt er sich leicht tragen und das Regenwasser läuft gut ab. Im Unterschied zu den meisten anderen Möbeln in diesem Buch hat er fast gar keine rechten Winkel. Das erfordert allerdings etwas mehr Geschick beim Zusammenbauen.

Die Zeichnung enthält zwar alle notwendigen Informationen, um einen Stuhl zu bauen, der mit dem vom Foto weitgehend identisch ist. Sie erleichtern sich aber die Arbeit, wenn Sie sich nicht nur sklavisch an die Zeichnung halten, sondern auch nach eigenem Gefühl die passenden Winkel gestalten.

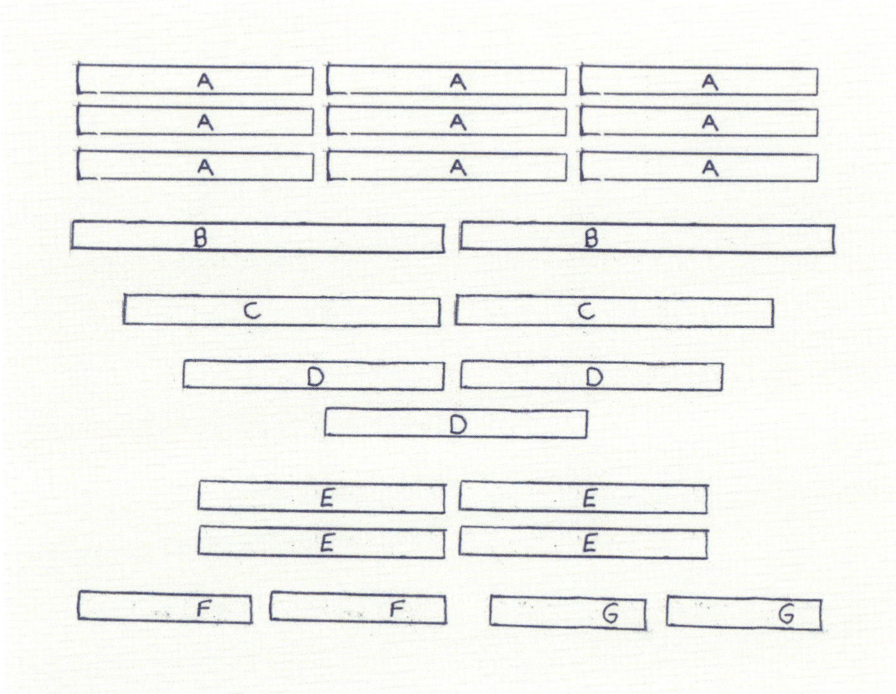

1. Legen Sie die Teile für eine Seite des Stuhls auf der Arbeitsfläche aus. Platzieren Sie sie entsprechend der Zeichnung in der richtigen Reihenfolge. Ganz unten das Hinterbein (C). Die Strebe (F) und Zarge (E) darauf in die nächste Ebene, dann Vorderbein (E) und Rückenholm (B) zuoberst. Legen Sie am besten ein anderes Brett an die Unterkante von C und E, um zu prüfen, wie die beiden Stuhlbeine später auf dem Boden stehen werden. Wichtig ist dabei, die gewünschte Neigung für Sitz und Rücken zu erhalten. Dann die Teile montieren.
2. Anschließend verwenden Sie die fertige Seite als „Schablone", um die Teile für die andere Stuhlseite in umgekehrter Anordnung auszulegen und zusammenzubauen.
3. Verbinden Sie die beiden Seiten, indem Sie die A-Teile so an den Hinterbeinen anbringen, dass sie in den Winkeln F bzw. E abstützen.
4. Montieren Sie die vordere Strebe (D) an den beiden Vorderbeinen, damit sie F vorn abstützt.
5. Stellen Sie sich hinter den Stuhl und messen Sie diagonal von Ecke zu Ecke im Rechteck, das zwischen den Hinterbeinen (C) und den beiden A-Teilen gebildet wird. Richten Sie es so aus, dass der Abstand zwischen den Ecken identisch wird. Fixieren Sie sie mit den kurzen G-Teilen.
6. Legen Sie den Stuhl hin und befestigen Sie die oberen Streben (D) an den beiden Rückenholmen (B). Der Abstand zwischen ihnen soll 43 mm betragen. Nehmen Sie eines der Reststücke als Abstandshalter.
7. Legen Sie die Teile (A) auf der Sitzfläche mit gleichmäßigem Abstand zueinander aus und befestigen Sie sie.

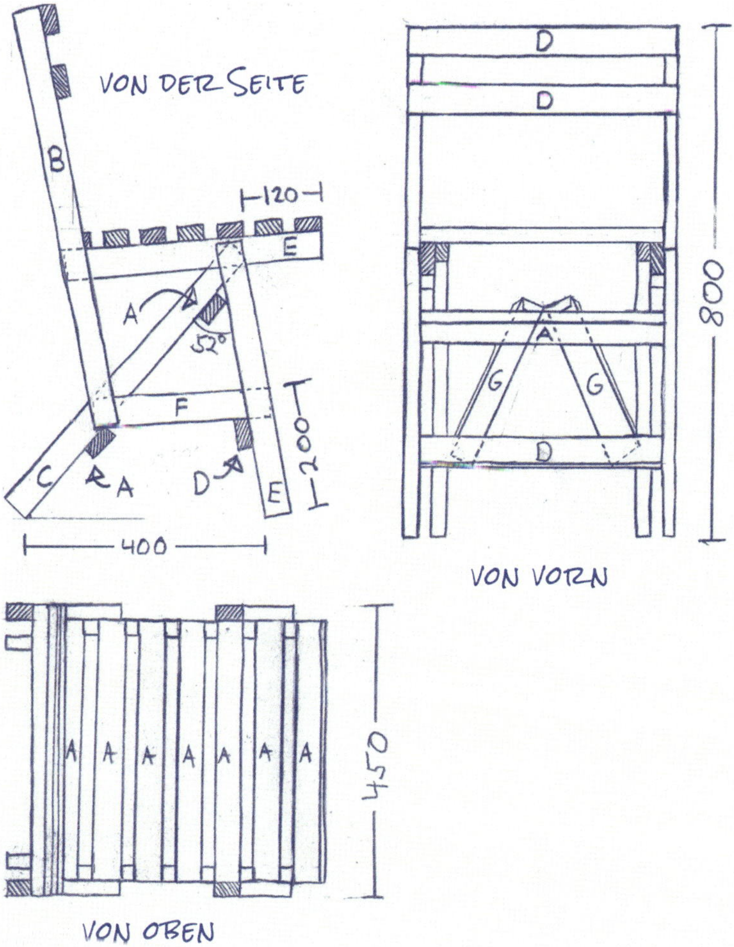

Teile	Größe	Länge	Anzahl
A	43 × 21 mm	408 mm	9
B	"	650 mm	2
C	"	550 mm	2
D	"	450 mm	3
E	"	430 mm	4
F	"	300 mm	2
G	"	270 mm	2

Anmerkung zu den Maßen: Bei abweichender Brettdicke passen Sie bitte die Länge der Teile D an. Beispiel: Bei 19 mm Brettdicke verringert sich die Länge der Teile D um 4 mm.

OUTLINE

Arts-and-Crafts-Stuhl

Im Zuge der industriellen Revolution wurden viele Handwerksberufe durch Maschinen ersetzt. Die neuen Maschinen produzierten Waren am laufenden Band, die zwar billiger und einfacher herzustellen waren, häufig aber auch eine schlechtere Qualität hatten. Diese Mängel versuchte man gern durch (ebenfalls maschinell hergestellte) Ornamente und Verzierungen zu kaschieren.

Mitte des 19. Jahrhunderts entstand eine Protestbewegung aus Künstlern und Handwerkern mit dem Namen „Arts and Crafts“. Sie traten für eine ausgesprochen antiindustrielle Ästhetik ein, bei der die Möbel deutlich sichtbare Spuren der Tischler-Arbeit zeigen sollten. Viele Gegenstände ließ man sogar etwas unfertig – wie, um damit ihren organischen, persönlichen Charakter zu zeigen.

Dieser Stuhl hier ist von den Lehnstühlen der Arts-and-Crafts-Bewegung inspiriert. Hohe Rücken, rechte Winkel sowie dünne Beine und Armlehnen waren typisch für sie. Man kann es als Ergebnis eines Experiments betrachten: Was passiert, wenn man die Formensprache der antiindustriellen, das Handwerk glorifizierenden Arts-and-Crafts-Bewegung entlehnt, dann aber normales Bauholz aus der Fabrik verwendet und damit einen Stuhl nach vereinfachten Prinzipien für eine Massenproduktion konstruiert, damit jeder Hobbybastler das Sitzmöbel bauen kann?

Das Ergebnis ist weder ein reines Handwerks- noch ein Industrieprodukt. Es trägt aber deutliche Spuren der Tischler-Handarbeit.

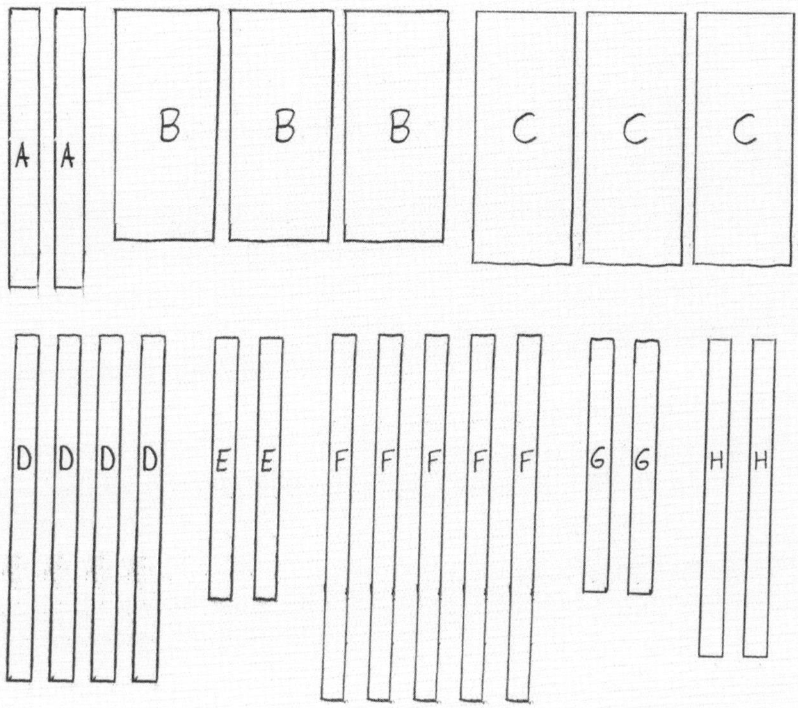

Teile	Größe	Länge	Anzahl
A	43 × 21 mm	415 mm	2
B	195 × 21 mm	420 mm	3
C	"	460 mm	3
D	43 × 21 mm	640 mm	4
E	"	481 mm	2
F	"	671 mm	5
G	"	460 mm	2
H	"	585 mm	2

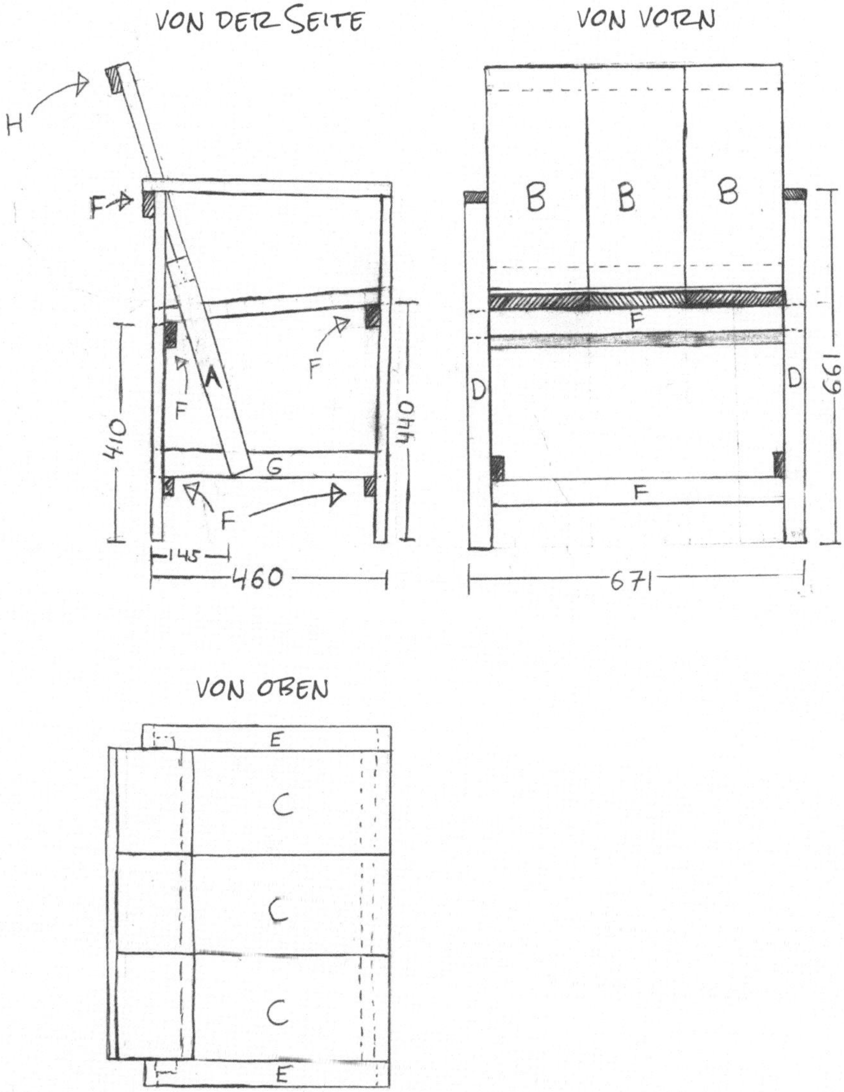
VON DER SEITE
VON VORN
VON OBEN
H
F
A
G
B B B
D D
C
E
410
440
145
460
671
661

1. Beginnen Sie mit einer Seite: Bringen Sie die Armlehne (E) oben so auf den Beinen (D) an, dass sie hinten 21 mm übersteht. Befestigen Sie die Strebe (G) 125 mm vom Boden an der Innenseite der Beine (D).
2. Wiederholen Sie diesen Schritt dann mit der zweiten Seite – aber spiegelverkehrt.
3. Die beiden Seitenteile werden nun mit den fünf F-Teilen wie in der Zeichnung zu sehen verbunden: Die untersten sitzen direkt unter den Streben (G), die obere muss unter dem Teil der Armlehne (E) sitzen, das am Hinterbein übersteht. Beachten Sie, dass die mittleren F-Teile vorn und hinten auf unterschiedlichen Höhen sitzen: die vordere Oberkante des F-Teils muss 440 mm vom Boden aus am Vorderbein sitzen, die hintere Oberkante 410 mm vom Boden aus am Hinterbein.
4. Die Sitzfläche montieren. Die C-Teile auf dem Platz oberhalb der Zarge (F) auslegen und dann befestigen.
5. Jetzt erhält der Stuhl seine Stabilität: Messen Sie das Rechteck, das zwischen G, D und E liegt, diagonal von einer Ecke zur anderen genau aus. Die Abstände müssen identisch sein, bevor die Konstruktion mit den Streben (A) entsprechend der Zeichnung fixiert wird. Befestigen Sie nun die A-Streben 145 mm von den G-Hinterkanten an G, sodass die unterste Ecke der Streben mit den G-Unterseiten bündig abschließt, wenn ihr oberes Ende gegen die Hinterbeine (D) gelehnt ist. Befestigen Sie dann die Streben auch seitlich an der Sitzfläche (C).
6. Montage der Rückseite: Alle Teile der Rückenlehne (B) werden auf der Arbeitsfläche gerade ausgelegt. Verbinden Sie die Teile untereinander mit je einem H-Teil an der Oberkante und ganz unten.
7. Den Stuhl nun zur Seite legen. Das Rückenteil zwischen die Armlehnen und den Sitz an seinen vorgesehenen Platz schieben, bis die Oberseite des unteren H-Teils am Rücken mit der Oberseite der schrägen Strebe (A) bündig abschließt, während der Rücken gegen das oberste F-Stück lehnt. Für die gesamte Rückenlehne dann A in H und B befestigen und die Lehnenteile (B) am obersten F-Teil anbringen.

Skistuhl

Auch dieser Stuhl basiert auf einem der Modelle Enzo Maris. Die Form ist hierbei recht speziell und leicht widersprüchlich. Obwohl er schwer, stabil und kantig aussieht, scheint man aufgrund der überdimensionierten Zwischenräume durch ihn hindurchsehen zu können. Die aufragenden Bretter der Rückenlehne erinnern an drei Ski, die aus einem Skiliftsitz herausragen.

1. Zuerst die beiden Hinterbeine (D) montieren, indem die zwei H-Teile oben auf jeweils einer der schmalen Seiten von D angebracht werden. Das untere soll 250 mm vom Boden entfernt sitzen, das obere 40 mm von oben.
2. Messen Sie den diagonalen Abstand zwischen den Ecken der Beine und richten Sie ihn aus, bis er jeweils identisch ist. Dann mit G zusammenbauen.
3. Eines der Seitenteile zusammenbauen, indem ein Vorderbein (F) außen auf der Zarge so befestigt wird, dass es eine ganz leichte Neigung nach hinten erhält.
4. Wiederholen Sie diesen Schritt mit der zweiten Seite und bauen Sie diese spiegelverkehrt, aber mit demselben Neigungswinkel zusammen.
5. Nun die beiden Seitenteile zusammenfügen, indem das hintere Sitzbrett (A) darauf angebracht wird. Es soll auf beiden Seiten der Zargen (E) 21 mm überstehen. Verwenden Sie eines der anderen Bretter als Abstandshalter.
6. Die Vorderbeine auf den zusammengebauten Hinterbeinen so befestigen, dass die obere Ecke der Hinterbeine mit der Zarge Kontakt hat. Der Winkel ist dann richtig, wenn F gerade steht und die untere Ecke des Hinterbeins den Boden berührt.
7. Die beiden B-Teile der Rückenlehne zusammenfügen, indem sie am unteren H-Stück und an dem am Sitz montierten A-Teil befestigt werden. Die Rückenlehne sollte ungefähr 850 mm vom Boden entfernt enden.
8. Das C-Teil mittig zwischen die beiden B-Bretter setzen.
9. Die restlichen drei Sitzbretter (A) mit jeweils gleichen Abständen auf den Sitz montieren.

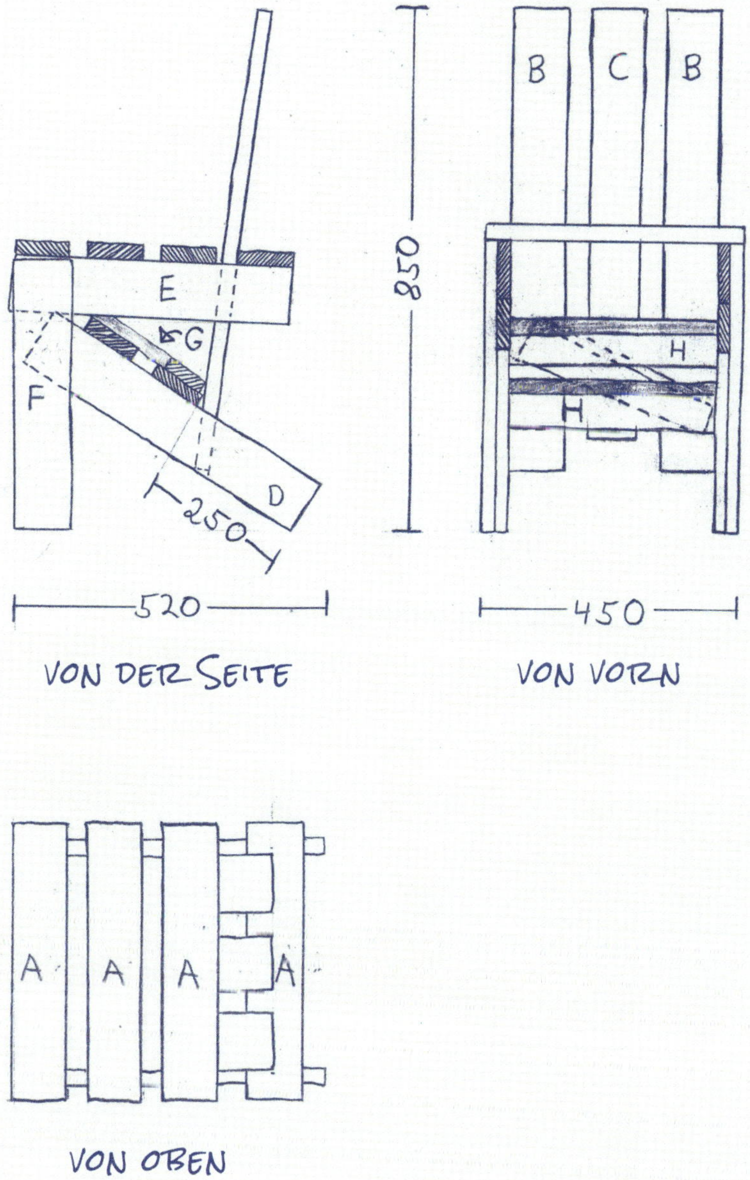
B
C
B
E
G
F
D
250
850
H
H
520
450
VON DER SEITE
VON VORN
A
A
A
A
VON OBEN

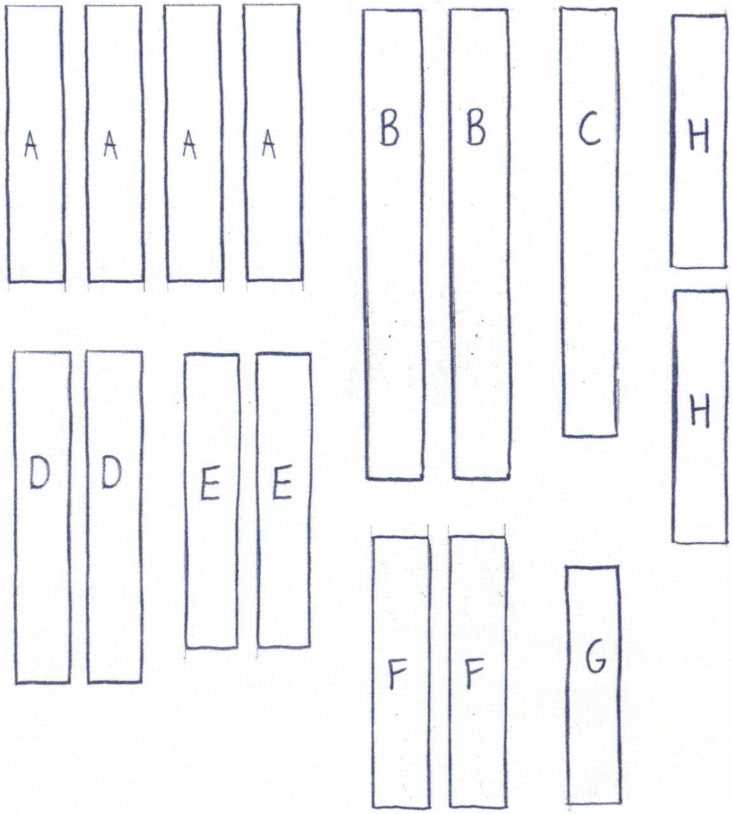

Teile	Größe	Länge	Anzahl
A	95 × 21 mm	450 mm	4
B	"	760 mm	2
C	"	700 mm	1
D	"	540 mm	2
E	"	480 mm	2
F	"	440 mm	2
G	"	385 mm	1
H	"	408 mm	2

Anmerkung zu den Maßen: Teil H wird länger, wenn die Bretter dünner sind als 21 mm. Beispiel: Bei einer Brettdicke von 19 mm müssen Sie Teil H um 8 mm verlängern. Teil H wird entsprechend kürzer, wenn Bretter verwendet werden, die dicker als 21 mm sind.

Spiegelhocker

Der Hocker ist die Mutter aller Stühle und eines der ersten Möbel, die der Mensch konstruiert hat. Er war auch das erste Möbelstück, das alle Schüler zeichnen und bauen sollten, als ich meine Ausbildung an der Möbeltischlerschule in Dänemark absolvierte.

Ein solcher Hocker eignet sich auch als gutes Beispiel dafür, dass man die Dinge nicht unnötig verkomplizieren sollte. Seine häufig simple Form macht ihn vielseitig verwendbar. Er kann als Sitzmöbel, Tisch und Abstellfläche dienen oder auch als Tritt, wenn man das oberste Küchenregal erreichen will.

Dieses Modell hat zwei Inspirationsquellen. Die eine ist der kräftige, zweigeteilte Kiefernhocker, den die Architektin Charlotte Perriand in den 1960er-Jahren für ein Skiresort in den Savoyer Alpen entwarf. Die zweite ist der Hocker mit der Querstange, mit der man ihn auf den Kopf gestellt als Korb benutzen kann. Max Bill, Direktor der Ulmer Hochschule für Gestaltung, entwarf den sogenannten „Ulmer Hocker", der sich zu einem bekannten Klassiker entwickelte, bereits 1954.

Um die Montage zu vereinfachen und die Anzahl der Bauteile zu minimieren, habe ich die beiden Hälften verschoben. Dadurch kann man die breite Querverstrebung von zwei Seiten aus an den Beinen befestigen. Gleichzeitig erzeugt die Verschiebung ein Gefühl einer doppelten Belichtung. Es scheint, als ob der eine Teil ein Schatten oder das Spiegelbild des anderen ist.

Teile	Größe	Länge	Anzahl
A	143 × 21 mm	420 mm	2
B	"	420 mm	2
C	"	441 mm	2
D	"	505 mm	1

Anmerkung zu den Maßen: Teil B muss verlängert werden, wenn die verwendeten Bretter dünner sind als 21 mm. Teil B muss entsprechend gekürzt werden, wenn Bretter verwendet werden, die dicker als 21 mm sind.

1. Zuerst wird eine der Hockerhälften zusammengebaut: Den Sitz (A) oben auf dem kürzeren Bein (B) und unter dem längeren Bein (C) anbringen, sodass damit ein auf den Kopf gestelltes U gebildet wird.
2. Das Gleiche mit den restlichen A-, B- und C-Teilen für die zweite Hälfte wiederholen.
3. Die eine Hälfte auf der Arbeitsfläche ablegen. Die Ecken müssen rechtwinklig ausgerichtet sein. Nun die Querverstrebung (D) 143 mm von unten an den beiden Beinen befestigen und damit die Hockerhälfte fixieren. Bei dem längeren Bein (C) soll D 21 mm überstehen, bei dem kürzeren Bein steht es doppelt so weit über.
4. Die Hockerhälfte auf den Boden stellen und kontrollieren, ob sie gerade steht. Wenn nicht, Schritt 3 wiederholen und alle Winkel rechtwinklig ausrichten.
5. Die zweite Hälfte nun spiegelverkehrt an die fertig zusammengebaute stellen, sodass jede Seite ein langes Bein (C) und ein kurzes Bein (B) hat. Die kürzeren Beine müssen auf beiden Seiten 21 mm weiter innen sitzen als die längeren.
6. Alle Winkel rechtwinklig ausrichten. Abschließend schraubt oder nagelt man durch die Querverstrebung (D) in die Beine der noch nicht zusammengebauten Hockerhälfte.

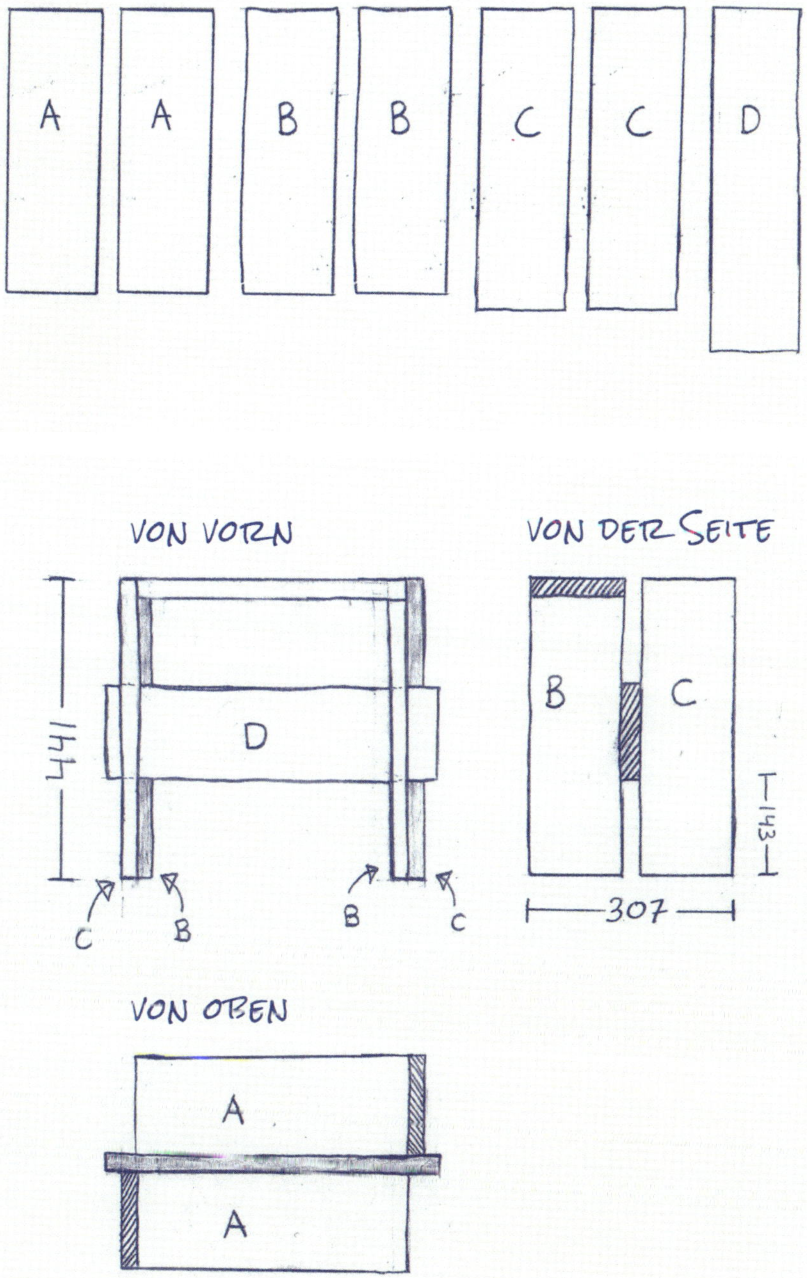
A
A
B
B
C
C
D
VON VORN
441
D
C
B
B
C
VON DER SEITE
B
C
143
307
VON OBEN
A
A

WORLD BOXING
TAMPERE
FINLAND
1993

Stapelhocker

Diese Konstruktion baut auf dem Prinzip des Schafstuhls (Seite 51) auf. Da der Sitz aber gerade ist und die Unterkante der Zargen auf allen Seiten gleich hoch ist, kann man mehrere Hocker übereinanderstapeln. Wenn man sich einen Stapel dieser Hocker in eine Ecke stellt, kann man sie rund um den Tisch platzieren, wenn viele Gäste kommen.

Teile	Größe	Länge	Anzahl
A	95 × 21 mm	340 mm	4
B	"	385 mm	3
C	"	370 mm	4
D	43 × 21 mm	440 mm	4

Anmerkung zu den Maßen: Teil B muss in der Länge entsprechend gekürzt werden, wenn die verwendeten Bretter dünner sind als 21 mm. B muss in diesem Fall außerdem entsprechend verbreitert werden, wenn keine Lücken zwischen den Brettern entstehen sollen. Teil B muss natürlich ebenfalls angepasst werden, wenn Bretter verwendet werden, die dicker als 21 mm sind.

1. Vorder- und Rückseite zusammenbauen: Bringen Sie die Beine (D) ganz außen an der Vorder- und Rückseite der Zargen (A) an.
2. Befestigen Sie die Seitenteile (C) außen auf den fertigen Vorder- und Rückseiten.
3. Bringen Sie die drei Sitzbretter (B) so an, dass sie auf den C-Brettern zwischen den A-Teilen aufliegen.

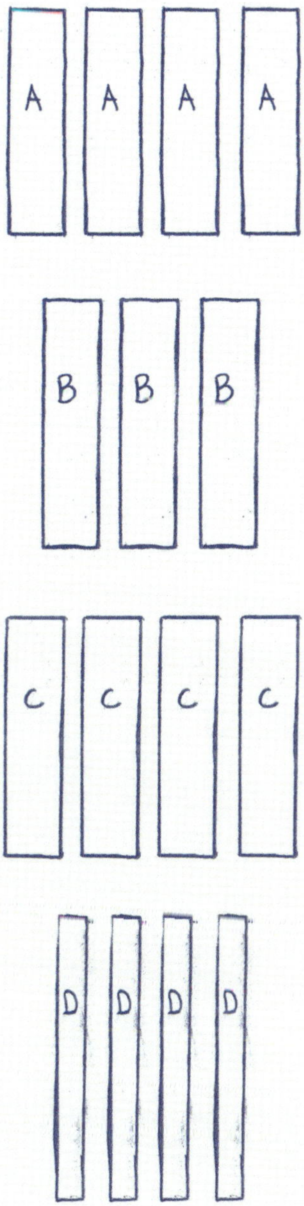

VON DER SEITE

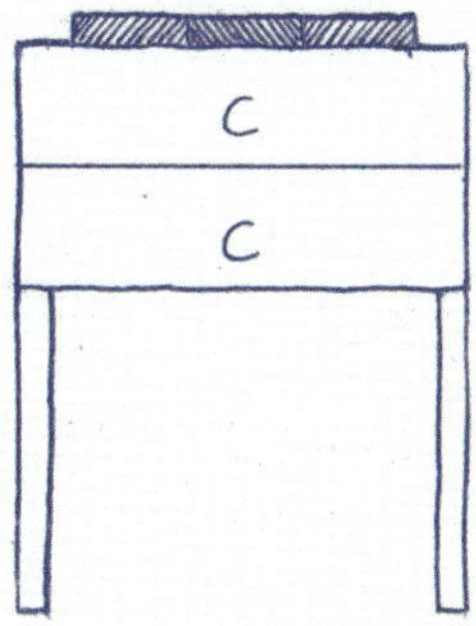

VON VORN

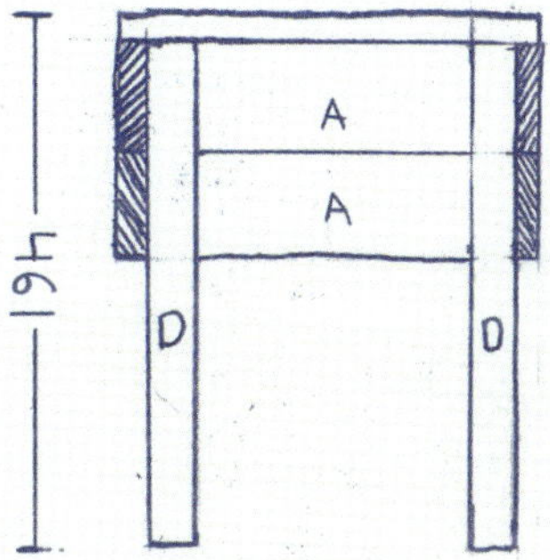

VON OBEN

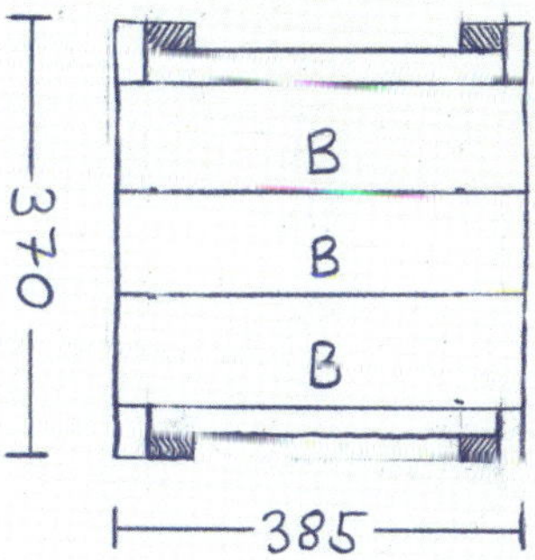

Biertisch

Die Idee zu diesem kleinen Tisch geht auf eine Bierkiste zurück.

Ich habe ein paar Jahre in Kopenhagen gewohnt. Damals verkauften viele Antikhändler alte Bierkisten der Carlsberg-Brauerei, die man vielfältig einsetzen konnte: als Hocker, Kasten, Regal oder Couchtisch. Das Stück hier ist in erster Linie als kleiner Couchtisch gedacht, kann natürlich aber auch anderweitig verwendet werden.

Er weicht in seinen Abmessungen nur wenig von einer Bierkiste ab, hat jedoch drei offene Seiten statt einer. Viel einfacher kann ein Möbelstück nicht sein. Die zwei Seiten und die Tischplatte werden mithilfe zweier Latten miteinander verbunden. Für die notwendige Stabilität sorgt eine Querverstrebung als Bodenplatte.

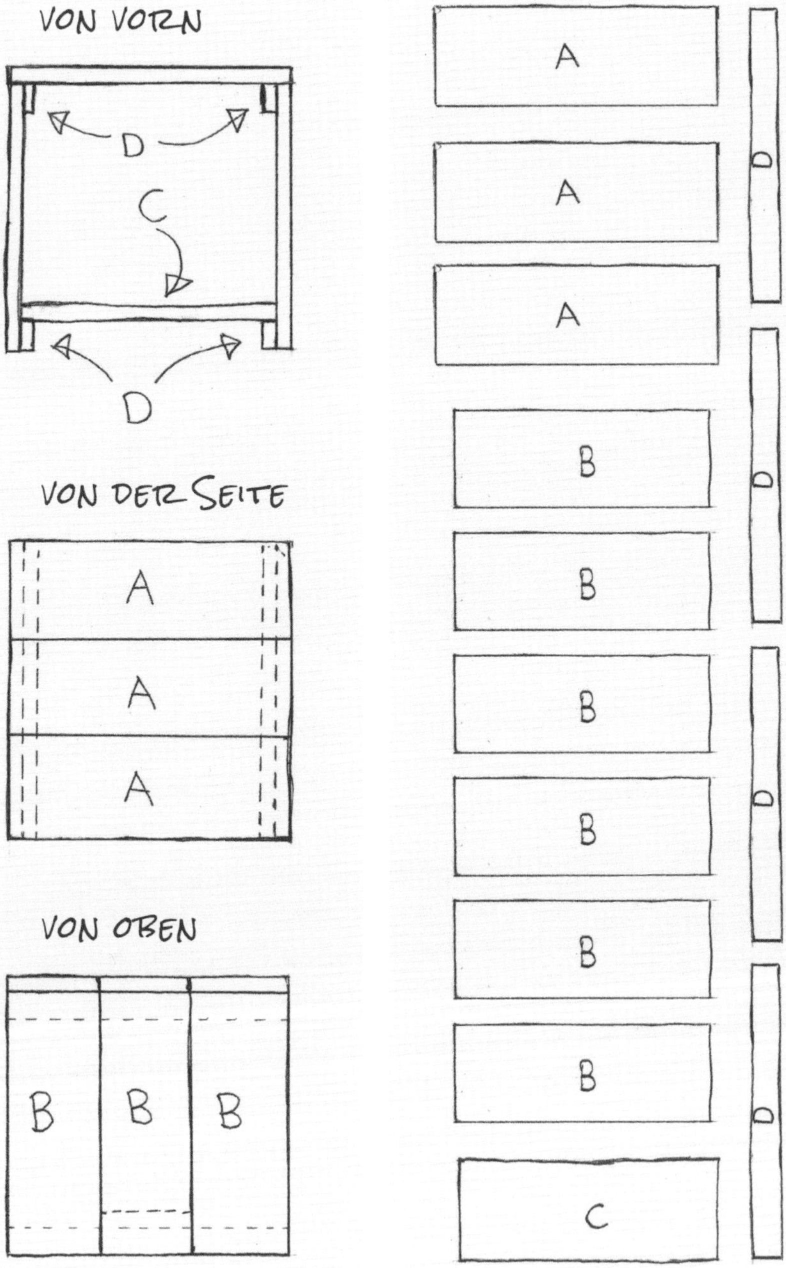
VON VORN
D
C
D
VON DER SEITE
A
A
A
VON OBEN
B
B
B
A
A
A
B
B
B
B
B
B
C
D
D
D
D

Teile	Größe	Länge	Anzahl
A	21 × 143 mm	430 mm	3
B	"	380 mm	6
C	"	388 mm	1
D	21 × 43 mm	429 mm	4

Anmerkung zu den Maßen: Teil C muss in der Länge gekürzt werden, wenn die verwendeten Bretter dicker sind als 21 mm, bei dünneren Brettern muss es entsprechend verlängert werden.

1. Beginnen Sie mit einer der Seiten: Bauen Sie die B-Teile mithilfe einer Latte (D) am Boden und am oberen Ende zusammen. Achten Sie darauf, dass die Ober- bzw. Unterkanten exakt bündig abschließen.
2. Wiederholen Sie diesen Schritt dann mit den restlichen B- und D-Teilen, um die zweite Seite zusammenzubauen.
3. Stellen Sie nun die Seiten auf und legen Sie die Sitzbretter (A) auf den vorgesehenen Platz. Befestigen Sie die Bretter so auf D, dass der Sitz mit den Seiten bündig abschließt.
4. Die Strebe (C) auf die unteren D-Latten und von innen an die mittleren B-Bretter setzen und befestigen.

Küchenbank

Hier wurde der Schafstuhl (Seite 51) zur Bank verlängert. Außerdem kann die tiefe Zarge zur Aufbewahrung genutzt werden, indem man einen Boden einbaut und den Sitz als abnehmbaren Deckel gestaltet. Darin kann man Küchenutensilien verstauen, die nicht offen herumstehen sollen.

Beachten Sie, dass der Deckel (A) und der Boden (B) keine Standardbreite haben. Dafür muss eine dicke Holzplatte zugeschnitten werden – entweder von Ihnen selbst nach Ihrem genauen Aufmaß oder durch Fachleute im Baumarkt.

Teile	Größe	Länge	Anzahl
A	520 × 21 mm	1316 mm	1
B	470 × 21 mm	1316 mm	1
C	195 × 21 mm	470 mm	2
D	"	1400 mm	3
E	43 × 21 mm	440 mm	4
F	"	610 mm	2
G	"	467 mm	5

Anmerkung zu den Maßen: Teile A und B müssen verlängert werden, wenn die verwendeten Bretter dünner sind als 21 mm, bei dickeren Brettern müssen sie entsprechend gekürzt werden.

VON DER SEITE

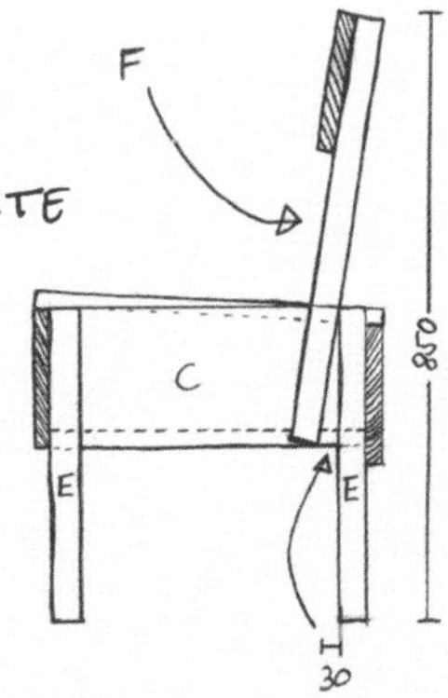

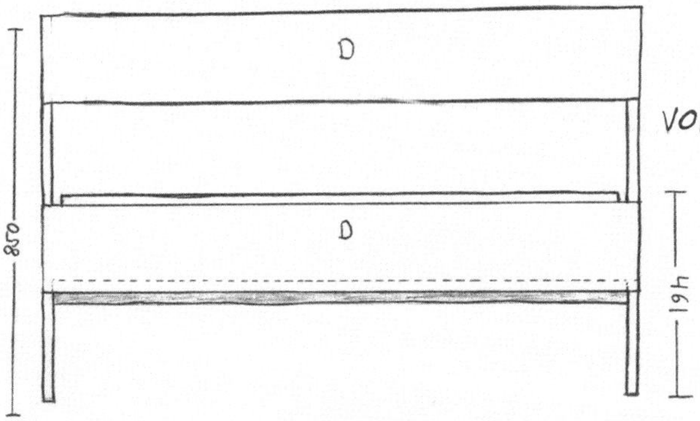

VON VORN

VON OBEN OHNE DECKEL UND RÜCKENLEHNE

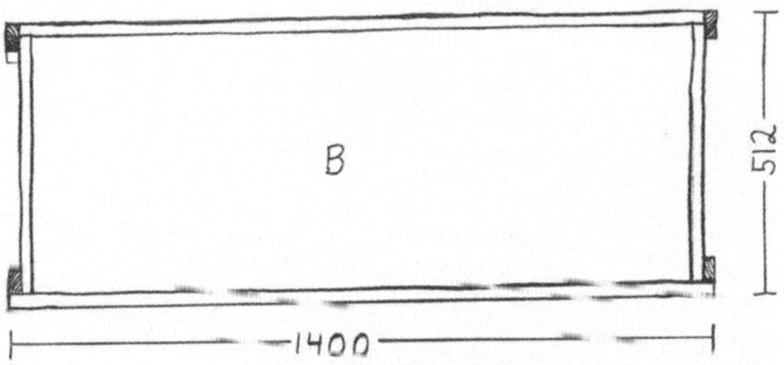

DECKEL VON UNTEN

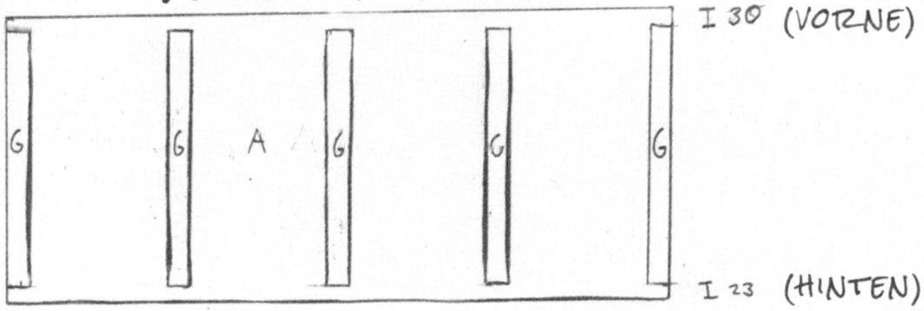

1. Zuerst die Seiten zusammenbauen: Befestigen Sie die Beine (E) an den seitlichen Zargen (C).
2. Nageln oder schrauben Sie die Seitenteile an die vorderen und hinteren Zargen (D). Damit die Sitzfläche eine bequeme Neigung erhält, die hintere Zarge 21 mm unter der Kante anbringen. Verwenden Sie eines der Bretter als Abstandshalter.
3. Schieben Sie die Bodenplatte (B) in die Bank und befestigen Sie sie so, dass die Platte mit der Vorderkante und der Unterkante der Seiten bündig abschließt.
4. Befestigen Sie die Rückenholme (F) an den seitlichen Zargen (C). Die richtige Neigung für die Rückenlehne erhält man, wenn die Holme an der Oberkante der Hinterbeine anliegen, ihr unteres Ende aber 30 mm davon absteht. Befestigen Sie die Holme sorgfältig mit je drei Verbindungen, damit sich die Rückenlehne später nicht lockert.
5. Legen Sie die Bank vorsichtig auf den Rücken und montieren Sie die Rückenlehne (D).
6. Bringen Sie die G-Leisten auf der Unterseite des Deckels (A) entsprechend der Zeichnung an.
7. Legen Sie den Deckel auf. Achten Sie dabei darauf, sich nicht die Finger einzuklemmen.

Parkbank

Eine einfache, bequeme Bank, die man gut ins Freie stellen kann. Man kann sie natürlich auch im Haus zusammen mit einem Tisch aufstellen, aber ich finde, dass diese anspruchslose Form mit den zwei Brettern an der Rückenlehne typischerweise unter einer knorrigen Eiche im Park oder auf einem Bootssteg am Meer stehen könnte.

1. Zuerst die eine Seite: Beginnen Sie am Vorderbein (G), das gerade stehen sollte. Bringen Sie die Zarge (ebenfalls G) so daran an, dass sie 60 mm über das Vorderbein hinausragt und leicht nach hinten geneigt ist.
2. Montieren Sie das Hinterbein (H). Es sitzt im richtigen Winkel, wenn eine seiner oberen Ecken auf der Höhe der oberen hinteren Ecke von G liegt (siehe Zeichnung) und die eine untere Ecke von H auf dem Boden steht, wenn das Vorderbein G gerade steht. Fixieren Sie die Winkel mit der Strebe (F). Sie wird am Vorderbein 85 mm von unten (gemessen an der Vorderkante) angebracht und hat ungefähr die gleiche Neigung wie die Zarge G.
3. Nageln oder schrauben Sie den Holm (D) der Rückenlehne fest. Er muss 405 mm innen an der Oberseite der Zarge (G) anliegen, damit die Sitzfläche dann an der richtigen Stelle sitzt. Für die richtige Neigung müssen Sie mit etwas Gefühl arbeiten. Perfekt wird sie, wenn die untere Ecke von D Kante an Kante mit der Unterkante der Strebe (F) liegt – wie in der Zeichnung.
4. Fertigen Sie nun die zweite Seite der Bank: Legen Sie die Holzteile auf die bereits fertige Seite und wiederholen Sie die Schritte. Beachten Sie, dass Sie spiegelverkehrt arbeiten müssen; die Beine (G) und (H) müssen auf beiden Seiten außen sitzen.
5. Den Mittelständer zusammenbauen (I, G, L, E): Verwenden Sie eines der Seitenteile als Schablone, damit G und E im richtigen Winkel eingesetzt werden. Legen Sie dann eines der kürzeren Bretter auf die Strebe (F) des Schablonen-Seitenteils, wo das B-Teil sitzen soll. Befestigen Sie dann das L-Teil so am Mittelständer, dass das auf F ruhende Brett genau darunter passt. Befestigen Sie es mit dem I-Teil gemäß der Zeichnung. Das klingt komplizierter, als es ist. Wichtig ist, dass L und F korrekt zueinander platziert werden, damit das durchgehende lange B-Brett dann die Seitenteile und den Mittelständer verbinden kann, ohne dass es schief wird.
6. Schieben Sie die Seitenteile und den Mittelständer auf das B-Brett. Befestigen Sie die Seitenteile an den Außenkanten des Brettes und den Mittelständer in der Mitte.
7. Bringen Sie die Rückenlehnen (A) an den Rückenholmen (D und E) an.
8. Messen Sie diagonal zwischen den Ecken der Seitenteile und richten Sie die Bank an der Seite so aus, dass die Abstände zwischen den Ecken gleich sind. Dann mit den C-Teilen genau befestigen.
9. Legen Sie die Bretter (A) für den Sitz aus. Das vordere Brett sollte einen Überstand von 15 mm zu den Zargen G haben, das hintere sollte an den Rückenholmen anliegen. Bringen Sie die übrigen beiden Bretter so an, dass alle Zwischenräume gleich groß sind.

Teile	Größe	Länge	Anzahl
A	95 × 21 mm	1600 mm	6
B	"	1200 mm	1
C	"	810 mm	2
D	"	750 mm	2
E	"	690 mm	1
F	"	450 mm	2
G	"	440 mm	5
H	"	420 mm	2
I	"	330 mm	1
L	"	300 mm	1

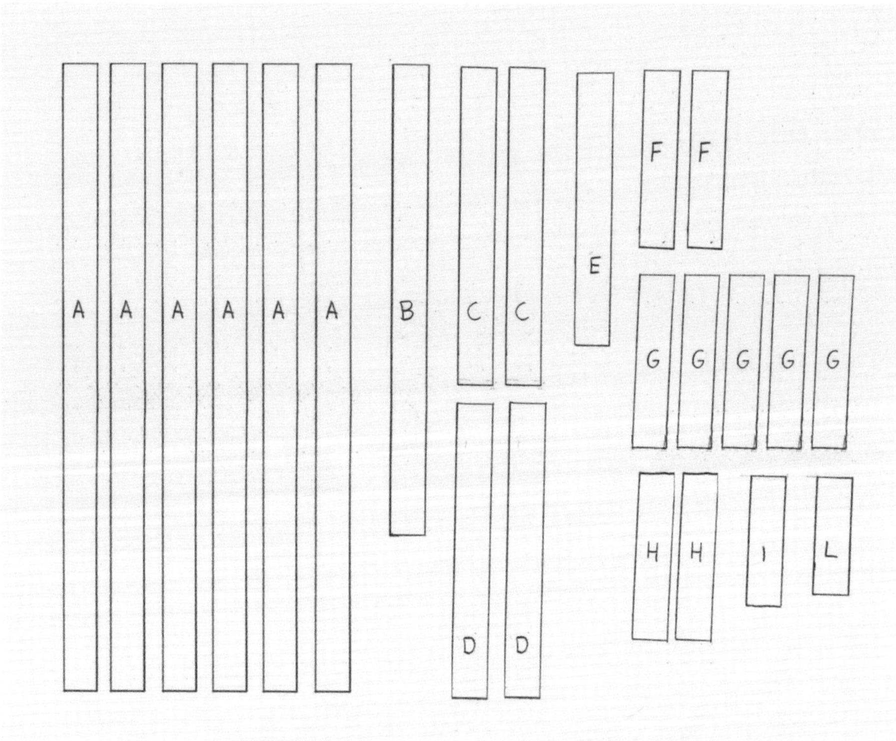

Möbel

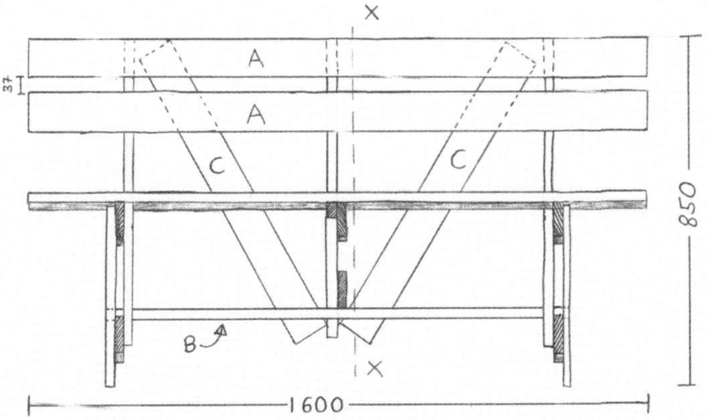

VON VORN

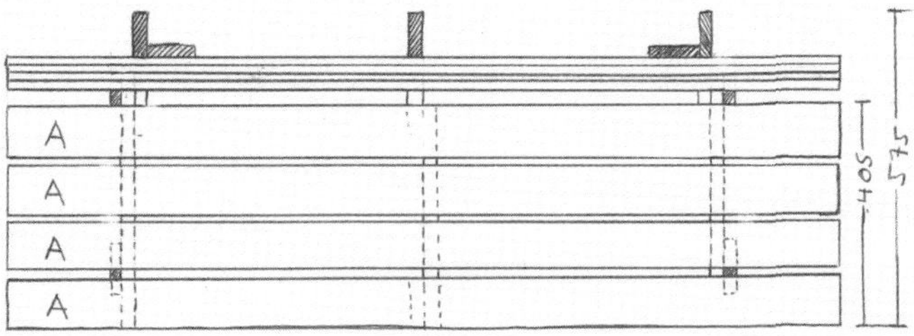

VON OBEN

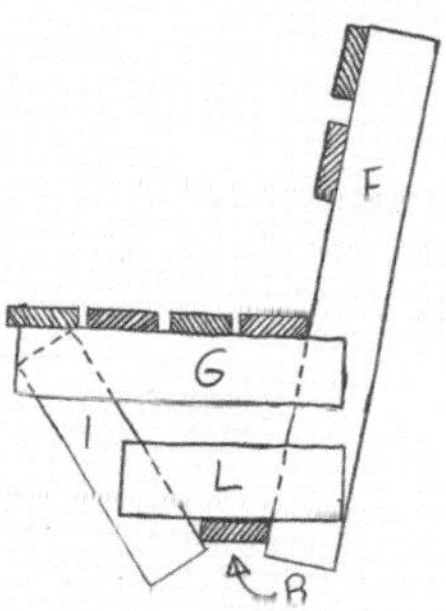

QUERSCHNITT X/X

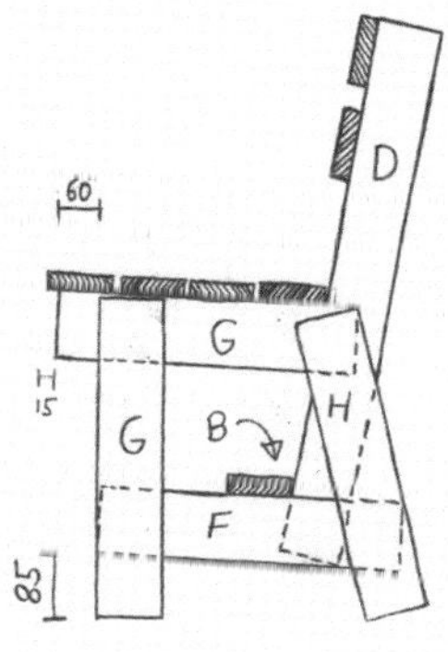

VON DER SEITE

Kanapee für die Diele

Dieses asymmetrische Sofa hat so hohe Rückenlehnen, dass man es fast schon als Raumteiler verwenden kann.

Nachdem ich ein nettes Foto gesehen hatte, auf dem der schwedische Schriftsteller P.O. Enquist zusammen mit seinem Hund gemütlich zwischen Schaffellen auf einem kurzen Sofa kauert, wollte ich gern so eine Art Bibliothekssitzmöbel bauen. Ein Sofa, auf dem man halb liegend und von Kissen gestützt behaglich ein Buch lesen kann, mit dem Kopf in der Ecke, abgeschirmt von allem, was hinter einem passiert.

Das Ergebnis ist so etwas wie ein „Bauern-Kanapee". Ich wollte, dass es aussieht wie eine Design-Koproduktion des Minimalismus-Architekten Donald Judd mit der schwedischen Comic-Figur „Schrott-Nisse" und der Schwedin Karin Larsson, die die Möbel auf dem Larsson-Hof in Sundborn entworfen hat.

Da ich leider keine Bibliothek habe, steht unser Kanapee in der Diele. Statt dort zu liegen und zu lesen, legen wir unsere Jacken und Mäntel ab und setzen uns darauf, um die Schuhe auszuziehen. Unter dem Deckel gibt es reichlich Platz, um Wintersachen, Picknickdecken und die Weihnachtsbaumbeleuchtung zu verstauen.

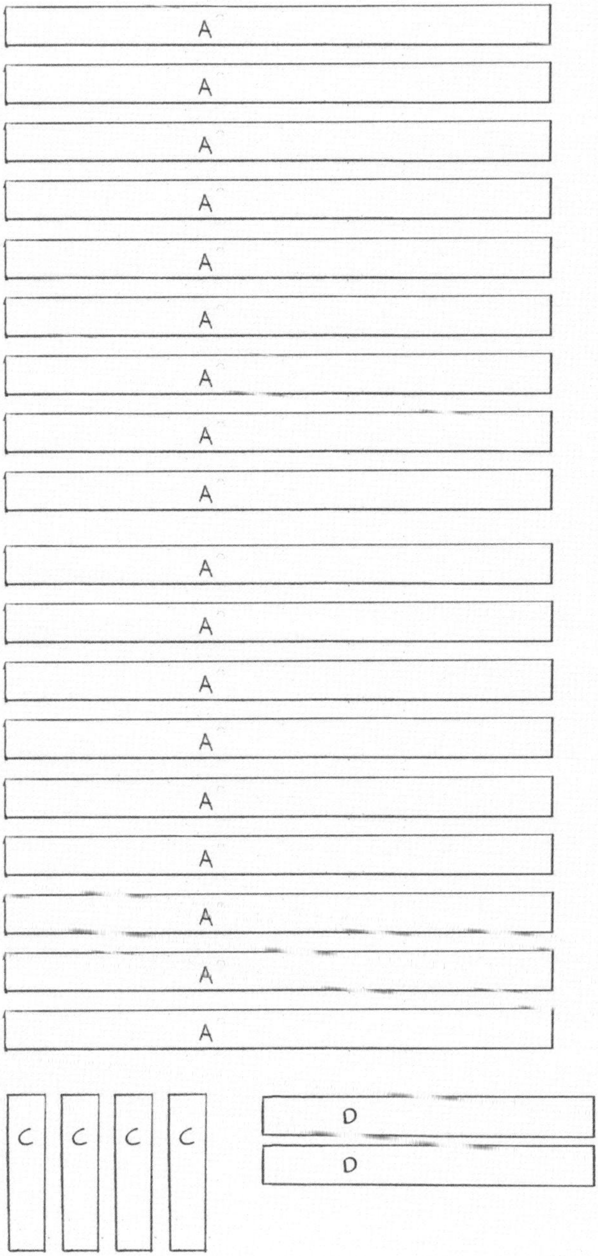

Kanapee für die Diele

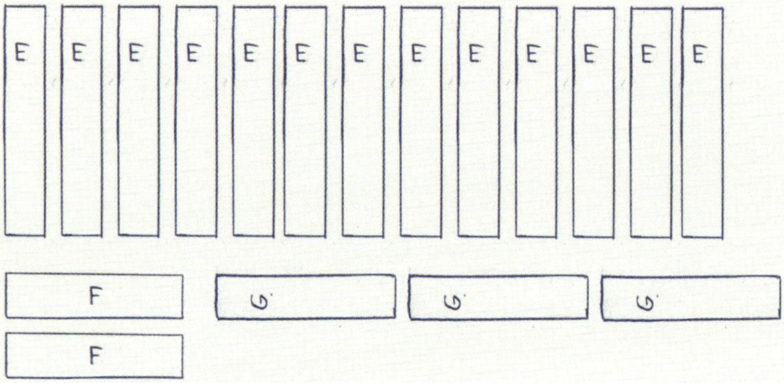

Teile	Größe	Länge	Anzahl
A	95 × 21 mm	1400 mm	18
B	"	860 mm	4
C	"	380 mm	4
D	"	845 mm	2
E	"	517 mm	13
F	43 × 21 mm	425 mm	2
G	"	424 mm	3

Anmerkung zu den Maßen: Teil F muss in der Länge gekürzt werden, wenn die verwendeten Bretter dicker sind als 21 mm, bei dünneren Brettern muss es entsprechend verlängert werden.

1. Beginnen Sie mit der Rückseite: Neun lange A-Bretter auf dem Boden auslegen und mit zwei B-Teilen jeweils an den Außenseiten verbinden. Die beiden anderen B-Teile leicht schräg darauf befestigen.
2. Die Vorderseite (vier A- und vier C-Teile) auf die gleiche Weise zusammenbauen.
3. Nun die hohe kurze Seite zusammensetzen: Neun Bretter (E) gerade auf dem Boden ausrichten und die beiden D-Teile schräg darauf befestigen.
4. Die drei fertigen Seiten aufstellen und zusammenbauen, indem das hohe Ende von außen auf Vorder- und Rückseite montiert wird.
5. Für die niedrige offene Seite werden die restlichen vier E-Teile an den stehenden B- und C-Bretterseiten angebracht. Dabei von unten beginnen, damit es gerade wird.
6. Die schmalen Riegel (F) innen an den Seitenwänden auf der Höhe des obersten A-Brettes der Vorderseite befestigen. Sie dienen als Auflagestütze für den Deckel.
7. Den Deckel zusammenbauen: Dazu fünf A-Bretter gerade auf dem Boden auslegen und mithilfe der G-Teile entsprechend der Zeichnung zusammenfügen.
8. Zum Schluss den Deckel auflegen.

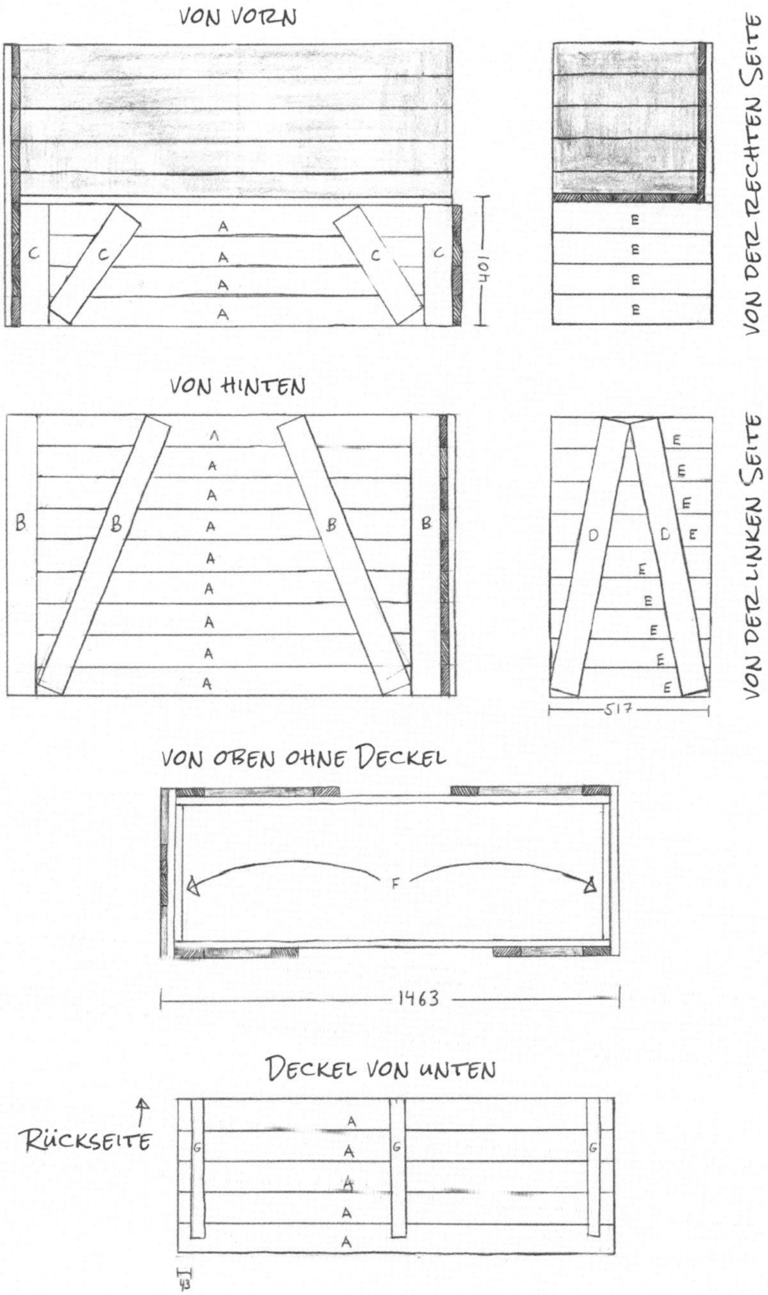
VON VORN
401
VON DER RECHTEN SEITE
VON HINTEN
VON DER LINKEN SEITE
517
VON OBEN OHNE DECKEL
1463
DECKEL VON UNTEN
RÜCKSEITE
43

Bett

Meine beiden Töchter schlafen gern im selben Bett, aber sie sind noch zu klein, um in ein Etagenbett zu klettern. Deshalb habe ich ihnen eine verlängerte Variante eines Enzo-Mari-Bettes aus „Autoprogettazione?“ gebaut. In das Bett passen zwei Kinder der Länge nach und mit den Köpfen gegenüberliegend. Gelegentlich verbringe ich auch eine Nacht darin und genieße die luxuriöse Bettlänge.

Wenn Sie eine normale Bettlänge bevorzugen, verkürzen Sie lediglich die A-Bretter um 260 mm und lassen die G-Teile ganz weg. Dann passt das Bett für eine normale Matratze von 2 m Länge und 80 cm Breite. Weil die Seitenteile des Bettes relativ niedrig sind, empfiehlt sich eher eine einfache Schaumstoffmatratze als eine hohe mit Federkern.

Wenn Sie Zeit und Nägel sparen möchten, können Sie die Latten (H) durch einen fertigen Lattenrost mit den Maßen 2000 × 800 mm ersetzen, zum Beispiel das Modell Luröy von IKEA.

Möbel

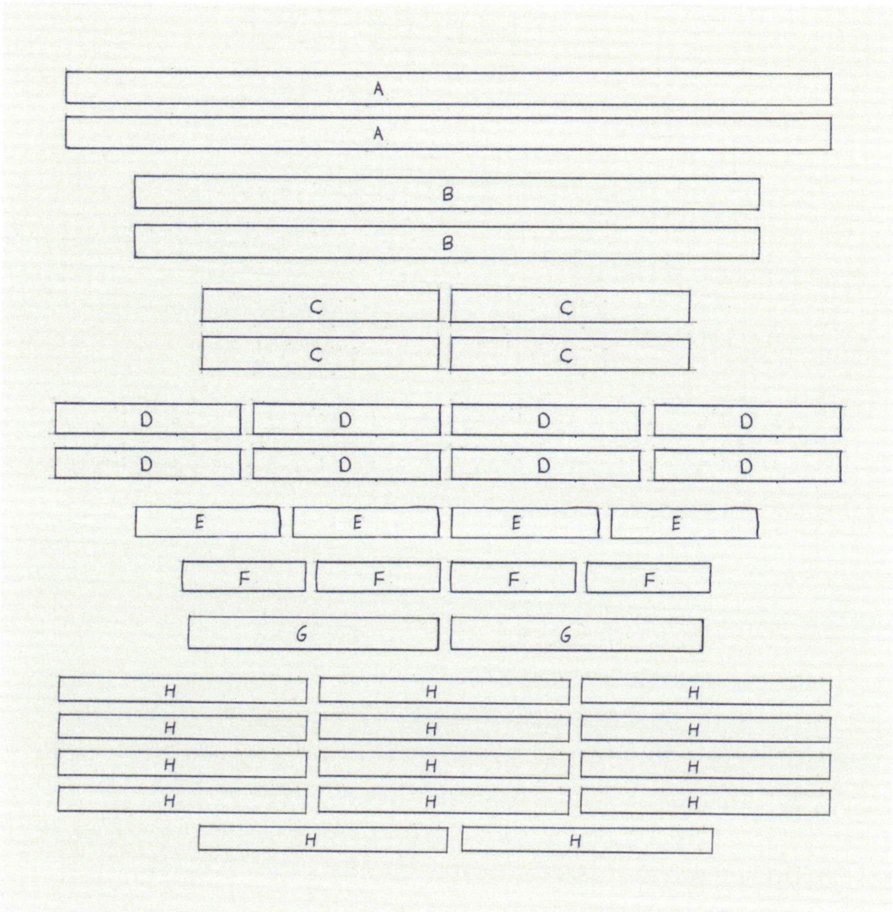

Teile	Größe	Länge	Anzahl
A	95 × 21 mm	2450 mm	2
B	"	2000 mm	2
C	"	758 mm	4
D	"	600 mm	8
E	"	470 mm	4
F	"	390 mm	4
G	"	800 mm	2
H	70 × 8 mm	800 mm	14

Anmerkung zu den Maßen: Teil C muss in der Länge gekürzt werden, wenn die verwendeten Bretter dicker sind als 21 mm, bei dünneren Brettern muss es entsprechend verlängert werden (z. B. um 4 mm bei Materialstärke von 19 mm).

1. Zuerst die Bettenden: Verbinden Sie die oberen C-Bretter ganz oben an den Beinen (D). Nageln oder schrauben Sie die unteren C-Bretter 210 mm vom Boden entfernt an. Messen Sie die Diagonalen von den Ecken aus und richten Sie sie auf exakt gleiche Länge aus. Fixieren Sie die Verbindung aus den C- und D-Teilen mit den F-Teilen.
2. Bringen Sie dann je ein weiteres Bein-Teil (D) an der Außenseite der bereits montierten Beine an, sodass die Enden von oben gesehen die Form eines flachen Us erhalten.
3. Nun fertigen Sie die Längsseiten: Montieren Sie die B-Bretter mittig so an die Innenseite der A-Bretter, dass sie sie 21 mm überlappen.
4. Verbinden Sie die Seiten (AB) mit den Bettenden mit 210 mm Abstand vom Boden. Wenn alles gerade ausgerichtet ist, befestigen Sie die Stellen jeweils mit den E-Teilen.
5. Jetzt bleibt nur noch der Boden: Befestigen Sie die G-Teile jeweils an den unteren Enden von A in Richtung der Bettenden. Legen Sie dann die Latten (H) in gleichen Abständen auf B. Wenn Sie einige Millimeter von jedem Ende entfernt beginnen, sind 70 mm zwischen den einzelnen Latten ein passender Abstand. Sie können auch eine Latte als Abstandshalter verwenden.
6. Kaufen Sie eine Matratze, die 2.260 × 800 mm lang ist oder entsprechend zugeschnitten werden kann.

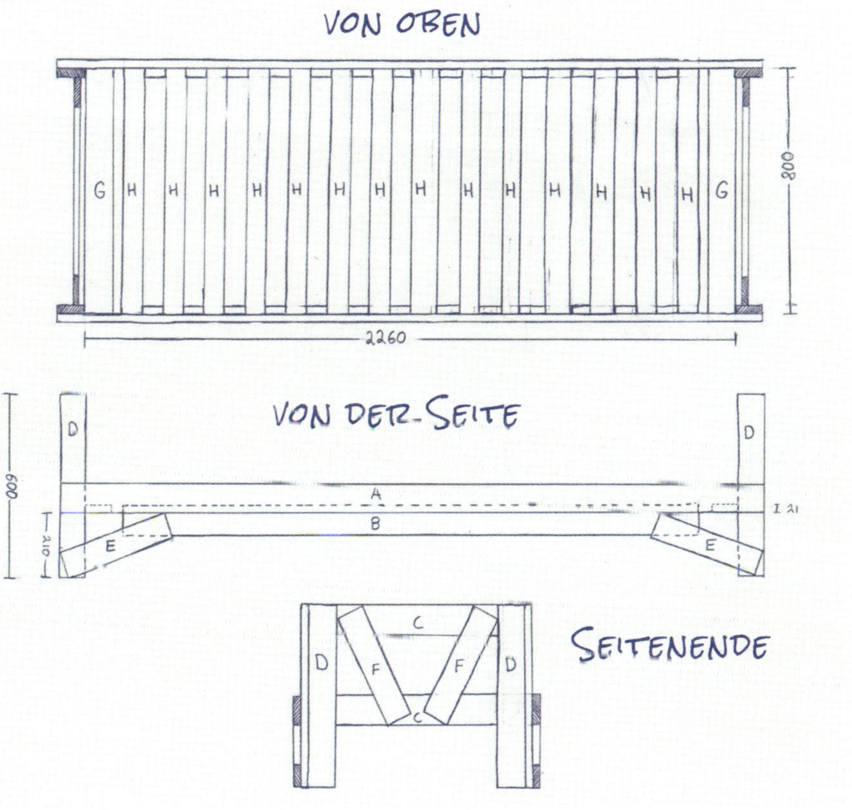

Esstisch

Ich habe diesen Tisch, der ursprünglich von Enzo Mari stammt, so angepasst, dass drei Personen an jeder Längsseite und eine an jeder kurzen Seite sitzen können, ohne dass es eng wird.

Das Untergestell sieht hübsch aus, es ist aber auch eine ausgeklügelte Konstruktion. Die Belastung wird damit optimal verteilt. Gleichzeitig kann man an jeder Stelle rundherum sitzen, ohne mit den Knien an das Gestell zu stoßen. Die breiten Bretter verleihen der Tischplatte einen gediegenen Charakter und lassen die Holzmaserung schön zur Geltung kommen. Wenn das Möbelstück als Esstisch in Gebrauch ist, empfehle ich, die Tischplatte zum Beispiel mit Leinöl zu behandeln, um sie vor Flecken zu schützen.

Bei diesem Tisch ist es wesentlich einfacher, wenn man zu Schrauben greift statt zu Nägeln und Leim. Messen Sie sorgfältig! Nichts ist ärgerlicher als ein wackliger Tisch. Die besondere Konstruktion der Beine erfordert einen relativ ebenen Fußboden.

Teile	Größe	Länge	Anzahl
A	195 × 21 mm	1800 mm	5
B	43 × 21 mm	970 mm	6
C	"	700 mm	6
D	"	1100 mm	4
E	"	300 mm	6
F	"	310 mm	8
G	"	460 mm	4

Je nach optischem Empfinden können Sie B etwas kürzen, wenn dieses Teil weniger gut sichtbar sein soll oder wenn Sie die Kante stört.

1. Beginnen Sie mit den Kopfenden: Befestigen Sie das Bodenteil (C) quer und mittig unten auf den beiden Beinen (C). Der Abstand zwischen den Beinen muss 120 mm betragen.
2. Eines der B-Teile auf die gleiche Weise anbringen – aber ganz oben an den Beinen.
3. Die zwei E-Teile gemäß der Zeichnung befestigen. Der Abstand zwischen ihnen muss exakt 300 mm betragen – später wird das Mittelkreuz zwischen ihnen verlaufen.
4. Messen Sie diagonal von den beiden unteren Ecken des Bodenteils (C) zu den obersten Ecken des B-Teils und richten Sie alles so aus, dass die Abstände exakt gleich lang sind. Fixieren Sie mit den F-Teilen. Wenn Sie eine Wasserwaage zur Hand haben, können Sie nochmals kontrollieren, ob das B-Teil exakt waagrecht ausgerichtet ist.
5. Wiederholen Sie die Schritte 1 bis 4, um das zweite Kopfende zusammenzubauen. Legen Sie sich am besten die Teile auf das erste, fertig montierte Kopfende und nutzen dieses als Schablone, damit beide Kopfenden identisch werden.
6. Anschließend das erste Mittelkreuz bauen: Bringen Sie ein E-Teil genau in der Mitte zwischen zwei D-Teilen an. Messen Sie von Ecke zu Ecke nach, ob es auch nicht schief sitzt. Fixieren Sie dann so mit G-Brettern, dass diese mit dem E-Stück in der Mitte Kontakt haben. Wiederholen Sie dann Punkt 6 für das zweite Mittelkreuz.
7. Befestigen Sie die Mittelkreuze auf den Beinen zwischen den E-Teilen. Damit ist das Untergestell fertig.
8. Um die Tischplatte zusammenzubauen, legen Sie zunächst die A-Bretter auf Ihrer Arbeitsfläche aus. Achten Sie darauf, die Jahresringe im Hirnholz abwechselnd auszurichten, sodass jeweils ein Brett „einen lächelnden Mund" und eines „eine saure Miene" hat (siehe Seite 36). Befestigen Sie die Bretter mithilfe der restlichen B-Teile.
9. Legen Sie die Tischplatte auf das Gestell. Liegt sie an der richtigen Stelle, können Sie sie an den B-Teilen des Untergestells befestigen. Wenn Sie sichtbare Nägel schöner finden, können Sie auch von oben nageln, aber messen Sie sorgfältig aus, damit die Nägel gerade und mit gleichen Abständen zueinander eingeschlagen werden. Wenn die Verbindung möglichst nicht sichtbar sein soll, bohren Sie vor und verschrauben von unten.

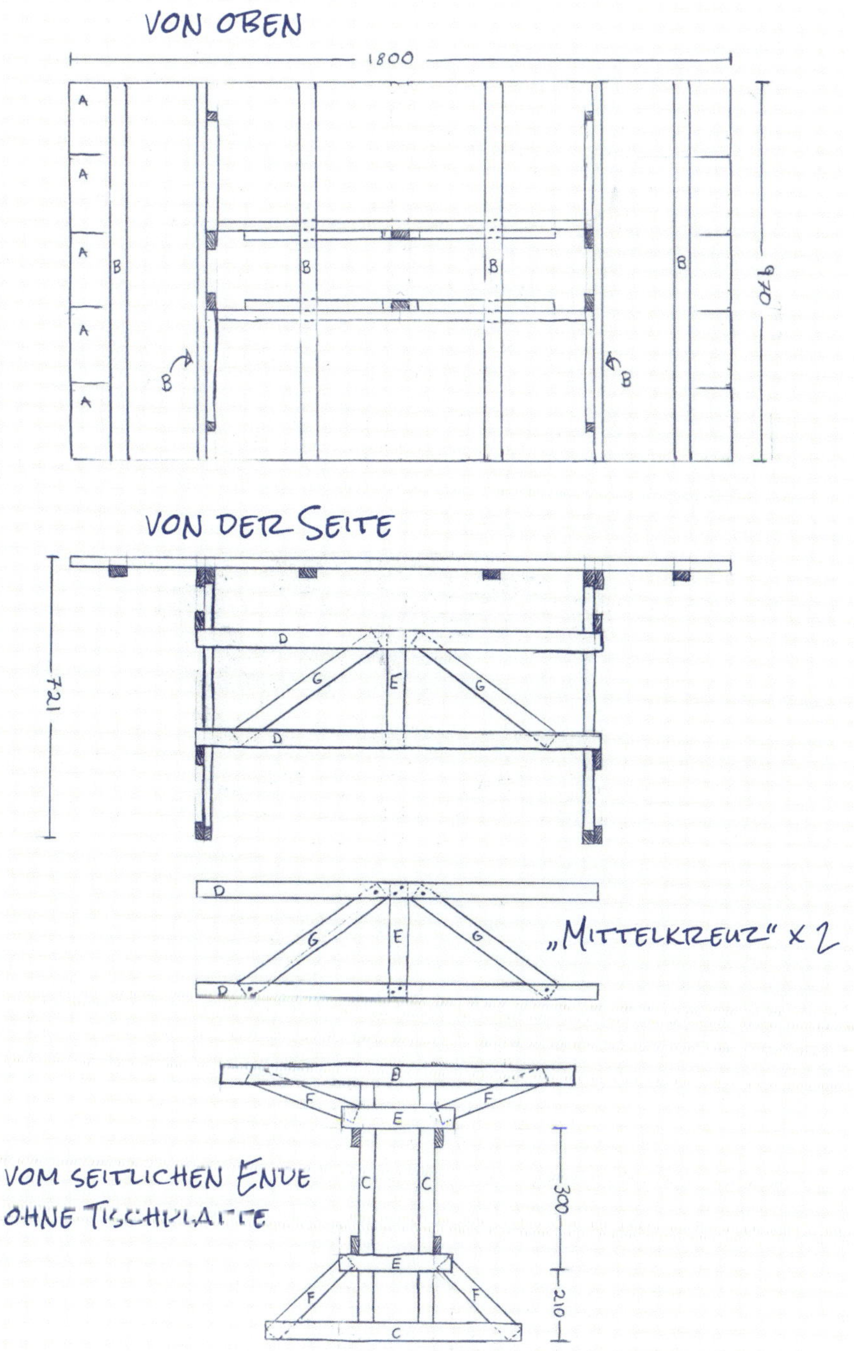
VON OBEN
1800
970
A
B
VON DER SEITE
721
D
E
G
„MITTELKREUZ" x 2
VOM SEITLICHEN ENDE
OHNE TISCHPLATTE
300
210
C
F

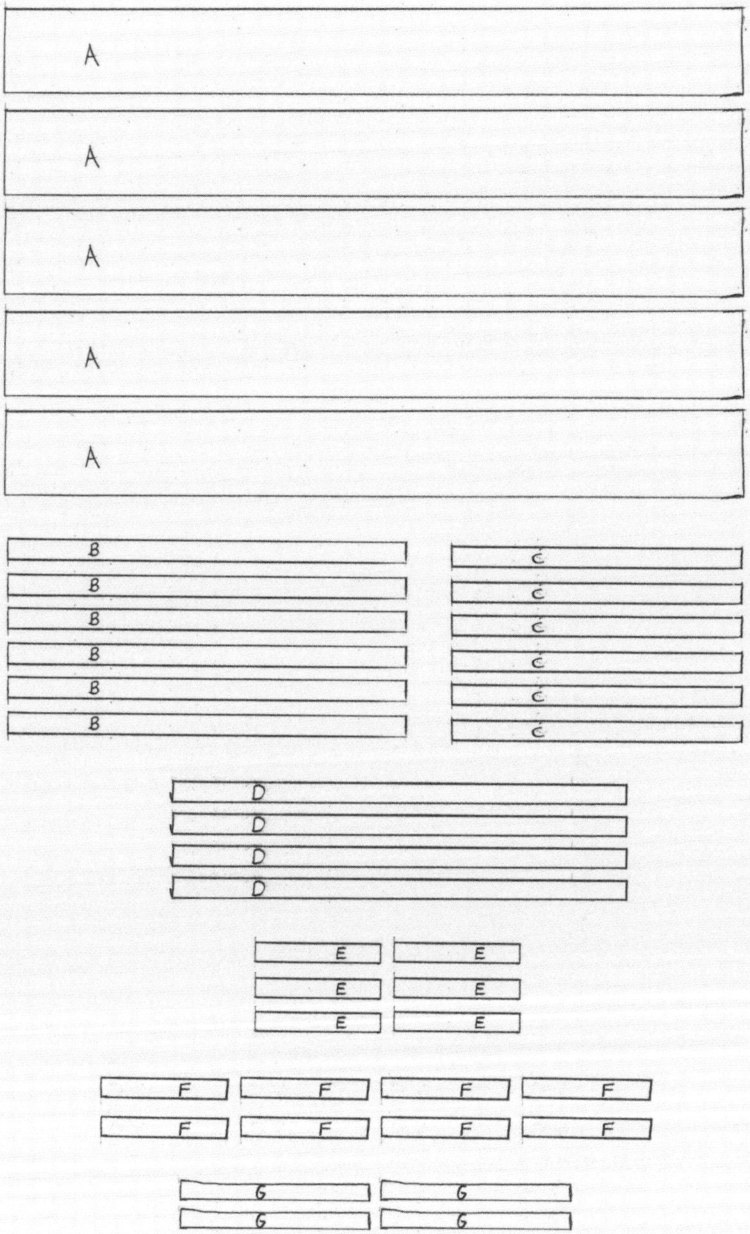
A
A
A
A
A
B
C
B
C
B
C
B
C
B
C
B
C
D
D
D
D
E
E
E
E
E
E
F
F
F
F
F
F
F
F
G
G
G
G

Arbeitstisch

Ich liebe das Untergestell dieses Tisches, den Enzo Mari entworfen hat. Ganz ohne Schnickschnack, jedes Brett verleiht dem Tisch seine Stabilität. Dennoch ist er mit seinen Linien und Schatten ein Kunstwerk für sich.

Man kann den Tisch natürlich beliebig einsetzen. Da aber die Beine relativ viel Platz an den Außenkanten der Tischplatte einnehmen, ist er eher als Arbeits- oder Schreibtisch geeignet als als Esstisch für mehrere Personen.

Unser Tisch steht draußen im Gewächshaus und dient als Pflanz- und Arbeitstisch. Ich habe deshalb auf der Tischplatte zwischen den Brettern 5-6 mm Luft gelassen. Will man ihn als Schreibtisch nutzen, bevorzugt man sicher, dass die Bretter dichter zusammensitzen. Ein Vorschlag wäre, dazu die 8 A-Teile der Zeichnung durch 7 Teile mit den Maßen 118 × 21 zu ersetzen und die äußeren 13 mm auf den Längsseiten überstehen zu lassen. Will man noch breitere Bretter, nimmt man 5 Stück mit den Maßen 167 × 21 mit einem Überstand von 17,5 mm. Natürlich kann man auch dickere Bretter für die Tischplatte verwenden, wenn man mag.

Teile	Größe	Länge	Anzahl
A	95 × 21 mm	1440 mm	8
B	45 × 21 mm	1100 mm	4
C	"	800 mm	8
D	"	700 mm	4
E	"	430 mm	4
F	"	345 mm	4
G	"	300 mm	2
H	"	280 mm	3

1. Beginnen Sie mit den Kopfenden: Verbinden Sie die Oberkanten der Beine (D) zwischen zwei C-Brettern. Benutzen Sie dabei am besten einen Anschlagwinkel, damit die Teile rechtwinklig zueinander sitzen. Bringen Sie dann die beiden anderen C-Teile 337 mm von der Oberkante von D an. Messen Sie diagonal von Ecke zu Ecke und richten Sie das Rechteck so aus, dass die Abstände zwischen den Ecken exakt gleich lang sind. Fixieren Sie die Verbindung dann mit den E-Teilen.
2. Befestigen Sie die G-Teile zwischen den langen B-Teilen jeweils 21 mm von den B-Enden entfernt. An der Unterkante sollen 43 mm von G wie ein Zapfen herausragen. Oben soll G 57 mm herausragen. Die H-Teile gemäß der Zeichnung anbringen. Messen Sie zur Kontrolle diagonal zwischen den äußeren Ecken und richten Sie die Teile so aus, dass die Abstände exakt gleich lang sind. Dann mit den F-Teilen fixieren.
3. Wenn Sie jetzt die Mittelverstrebung kippen, können Sie diese zwischen den schrägen E-Teilen der Kopfenden einführen, bis G Kontakt mit C hat. Drehen Sie die Mittelverstrebung nach oben, sodass sie mittig auf dem unteren C-Teil steht und die Oberseite von G zwischen die oberen C-Teile eingefügt werden kann. Dann alles verbinden!
4. Legen Sie die Bretter (A) für die Tischplatte mit einem Zwischenraum von 5,7 mm auf dem Untergestell aus. Die äußeren Bretter müssen Kante an Kante mit C liegen. Arbeiten Sie mit einem Zollstock, um die Löcher für die Schrauben oder Nägel gerade und mit gleichen Abständen zu platzieren und befestigen Sie die Bretter.

VON OBEN

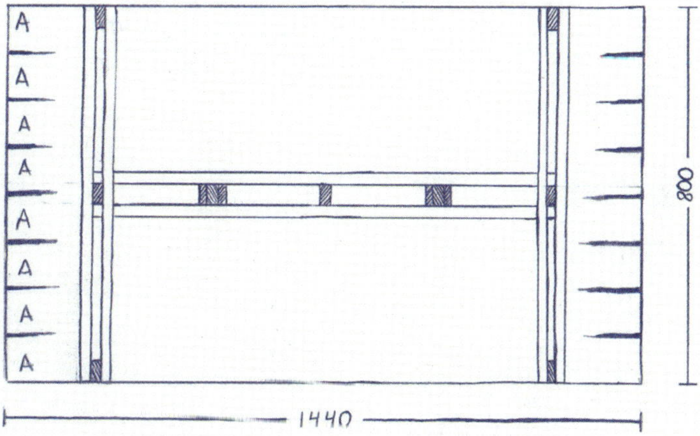

VON DER SEITE

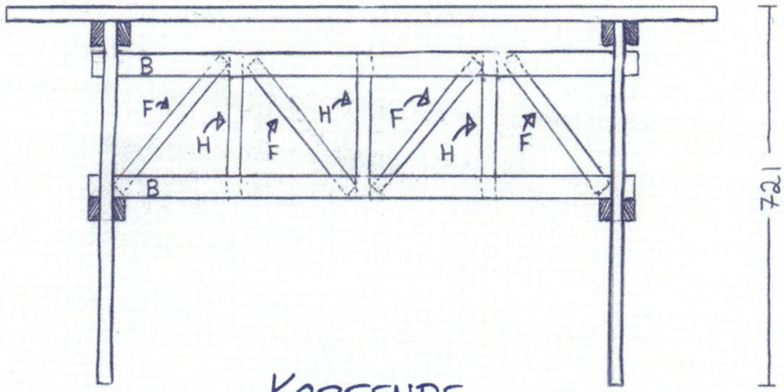

KOPFENDE

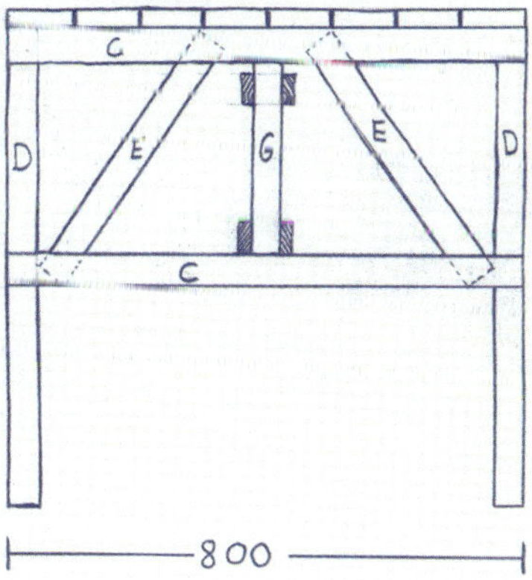

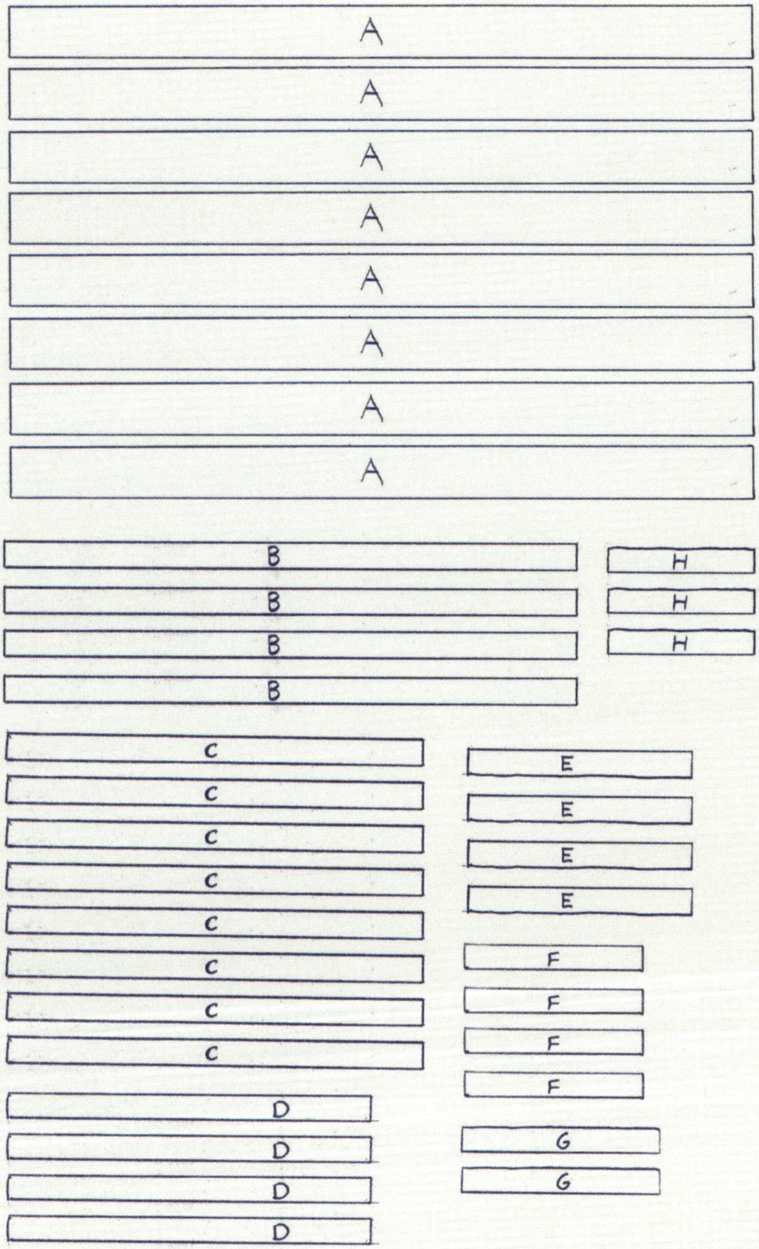
A
A
A
A
A
A
A
A
B
B
B
B
H
H
H
C
C
C
C
C
C
C
C
E
E
E
E
F
F
F
F
D
D
D
D
G
G

Schrank

Auch dieses Möbelstück stammt aus Enzo Maris „Autoprogettazione?"-Kollektion. Die Zeichnung zeigt einen leeren Schrank, in den Sie aber bei Bedarf problemlos Regalbretter oder eine Kleiderstange einsetzen können. Durch die Tiefe von 60 cm passt erstaunlich viel in den Schrank hinein.

Da die Konstruktion mit den stabilisierenden V-förmigen Leisten auf der Rückseite und auf den Türen gleich ist, sieht der Schrank an eine Wand gestellt genauso gut aus, als wenn er frei im Raum steht. Seine Konstruktion ist ein bisschen schwieriger als die der meisten anderen Möbel in diesem Buch. Hierbei ist es erforderlich, dass Sie mit großen, dünnen Sperrholzplatten arbeiten. Ich empfehle Ihnen, diese im Baumarkt zusägen zu lassen. Achten Sie darauf, Sperrholz von guter Qualität zu verwenden und berücksichtigen Sie, dass die Platten oft eine schönere Seite haben, die man nach außen drehen sollte. Für eine preiswertere Variante kann man das Sperrholz durch Spanplatten ersetzen, was einen schönen Kontrast zu den hellen Kieferleisten ergibt.

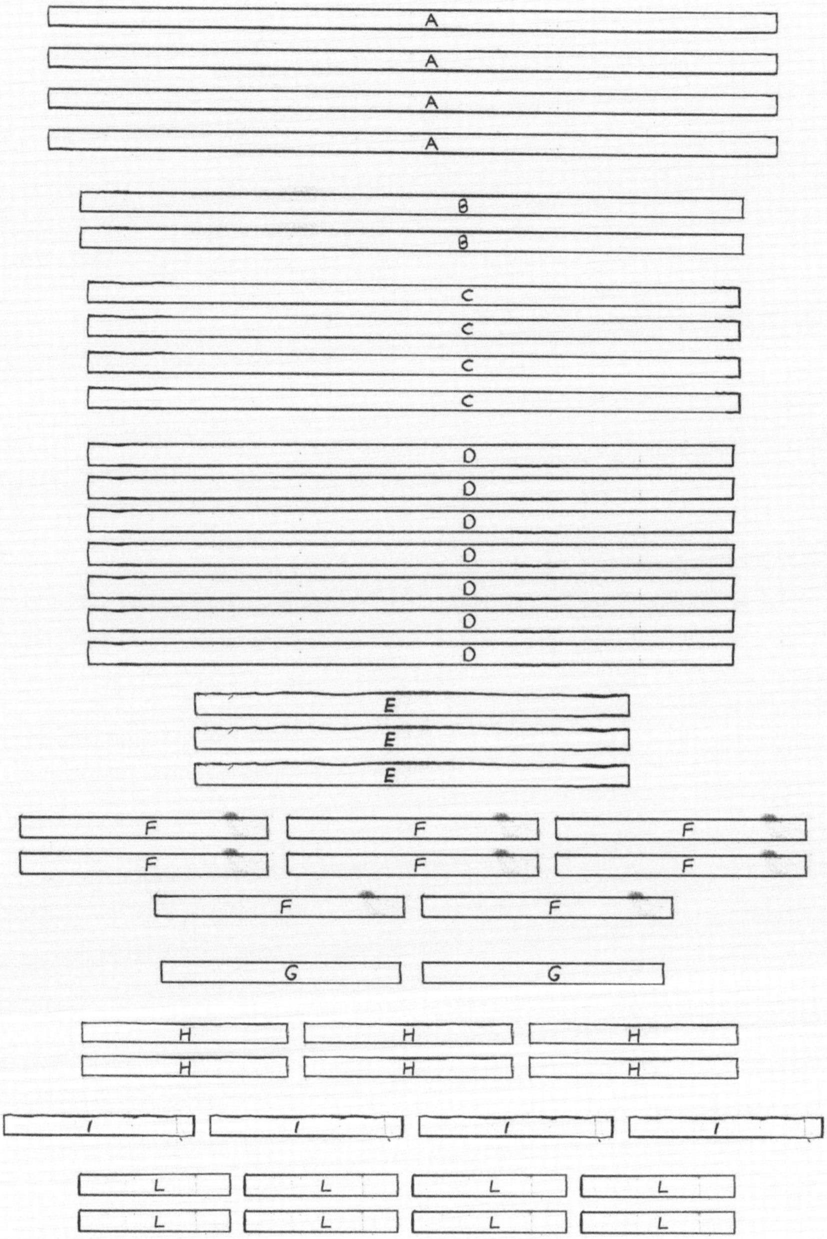
A
A
A
A
B
B
C
C
C
C
D
D
D
D
D
D
D
E
E
E
F F F
F F F
F F
G G
H H H
H H H
I I I I
L L L L
L L L L

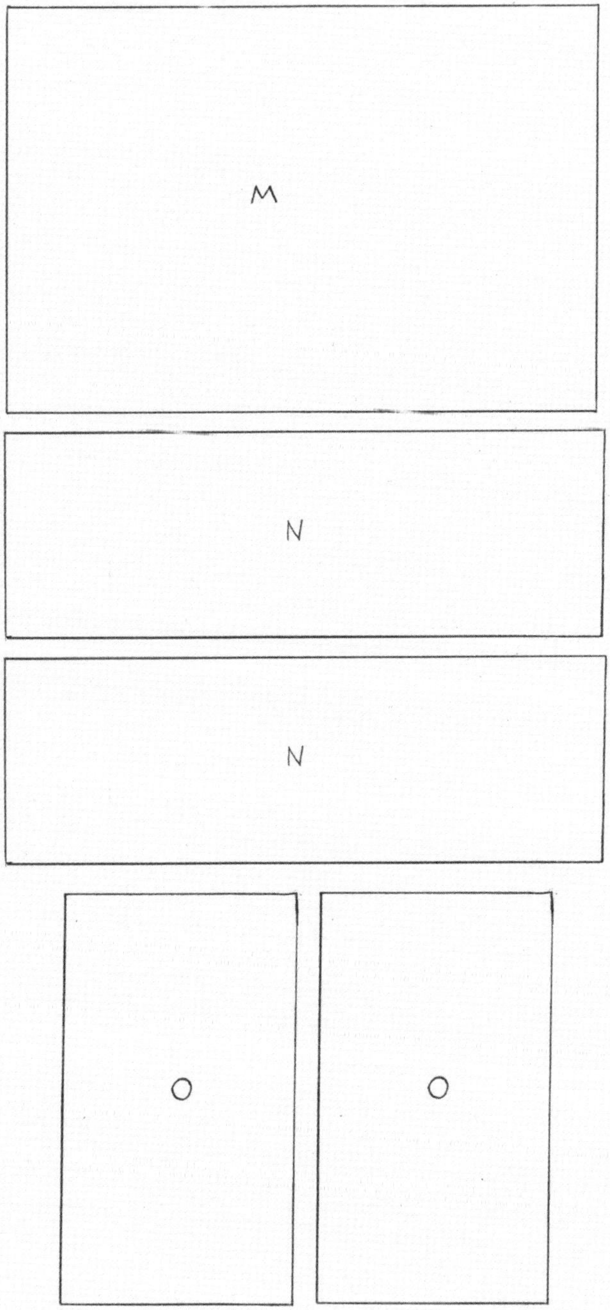
M
N
N
O
O

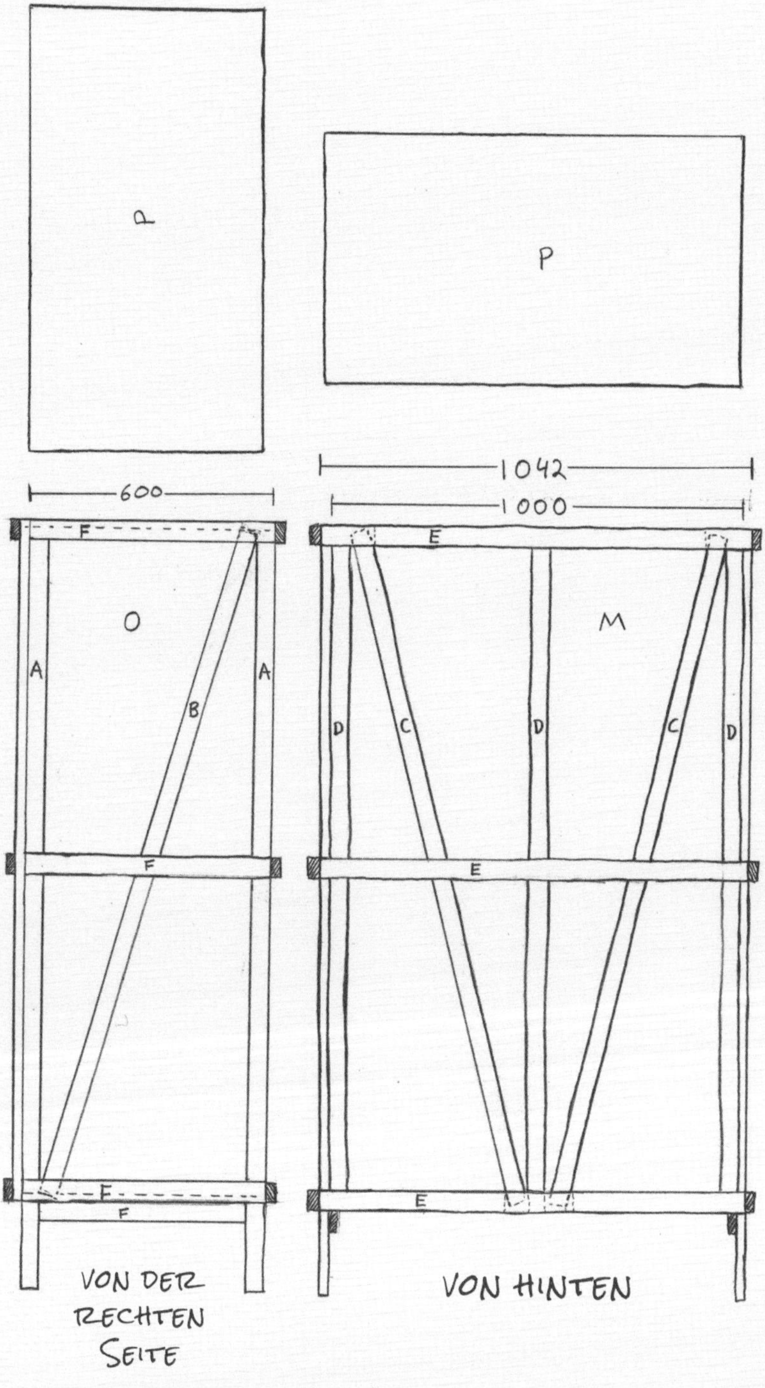
P
P
1042
600
1000
F
E
O
M
A
A
B
D
C
D
C
D
F
E
F
F
E
VON DER RECHTEN SEITE
VON HINTEN

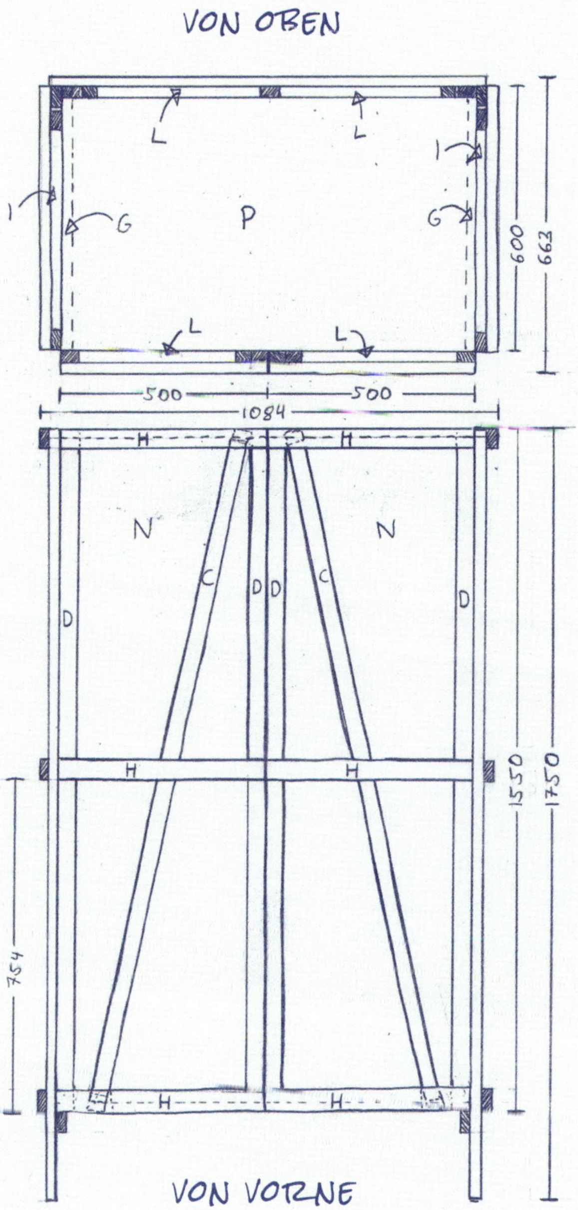
VON OBEN
L
L
L
L
I
I
G
G
P
600
663
500
500
1084
H
H
N
N
C
C
D
D
D
D
H
H
1550
1750
754
H
H
VON VORNE

1. Beginnen Sie mit einer der Türen: Bringen Sie die D-Teile längs auf die Längsseiten der N-Platte. Befestigen Sie sie mit Schrauben oder Nägeln von der Rückseite der N-Platte aus.
2. Bringen Sie C so an, dass es schräg zwischen den D-Teilen sitzt.
3. Bauen Sie die L-Teile am Boden und am Deckel zwischen C und D ein. (Sie müssen hinter den oberen und unteren H-Teilen sitzen, siehe Zeichnung.)
4. Befestigen Sie die drei H-Teile der Tür oben auf den D-, C- und L-Teilen gemäß der Zeichnung.
5. Wiederholen Sie die Schritte 1–5 für die zweite Schranktür. Berücksichtigen Sie, dass C dabei in entgegengesetzter Richtung schräg eingesetzt werden muss. Achten Sie darauf, dass Sie den Handgriff (mittlere H-Teile) auf exakt dieselbe Höhe wie bei der ersten Tür setzen.
6. Nun die eine Schrankseite zusammenbauen: Zuerst die A-Teile längs an den Längsseiten der O-Platte anbringen. Sie sollen oben bündig abschließen. Unten bilden die A-Teile die Schrankbeine.
7. B schräg anbringen, sodass es zwischen den A-Teilen sitzt.
8. Die I-Teile für Boden und Deckel zwischen A und B einbauen (unter F).
9. Befestigen Sie ein F-Teil so zwischen den Beinen, dass seine Oberkante an die Unterkante der O-Platte stößt.
10. Bringen Sie drei F-Teile außen an die A-, B- und I-Teile an. Achten Sie darauf, dass der mittlere auf derselben Höhe sitzt wie die Türgriffe (H).
11. Wiederholen Sie die Schritte 6–10, um die zweite Schrankseite zu bauen. Berücksichtigen Sie, dass B dabei in entgegengesetzter Richtung schräg eingesetzt werden muss.
12. Bauen Sie die G-Teile 18 mm von oben auf die Innenseiten der Seitenteile. Sie müssen Kante an Kante zur Vorderseite liegen, hinten aber mit 21 mm Abstand von der Plattenkante enden.
13. Bauen Sie die Rückseite zusammen: Befestigen Sie zwei D-Teile längs an den Außenkanten der M-Platte und ein Teil mittig.
14. Bringen Sie die C-Teile an, sodass sie vom mittleren D-Teil ausgehend jeweils schräg nach oben verlaufen.
15. Bringen Sie die L-Teile ganz oben und ganz unten zwischen den C-Teilen und dem mittleren D-Teil an (L soll dabei hinter E sitzen).
16. Befestigen Sie die drei E-Teile. Sie sollen auf beiden Seiten 21 mm überstehen.
17. Montieren Sie den Boden (P) in die inneren F-Teile der Seiten sowie den Deckel (P) auf die G-Leisten.
18. Schieben Sie die Rückseite zwischen die beiden Seiten und befestigen Sie sie.
19. Montieren Sie die Türscharniere so an die Innenseiten von O und N, dass sie auch sicher an A bzw. D befestigt sind.

Teile	Größe	Länge	Anzahl
A	43 × 21 mm	1750 mm	4
B	"	1590 mm	2
C	"	1565 mm	4
D	"	1550 mm	7
E	"	1042 mm	3
F	"	600 mm	8
G	"	575 mm	2
H	"	500 mm	6
I	"	465 mm	4
L	"	365 mm	8
M	Sperrholz	1550 × 1000 × 4 mm	1
N	Sperrholz	1550 × 500 × 4 mm	2
O	Sperrholz	1550 × 600 × 4 mm	2
P	Spanplatte	1000 × 575 × 19 mm	2
Türscharniere			4

Anmerkung zu den Maßen: Lassen Sie sich die Bretter für dieses anspruchsvolle Projekt am besten genau zuschneiden.

Ljusröd
LINOLJEFÄRG

Gun Kessles Regal

Vor zehn Jahren interviewte ich den damals 84-jährigen Schriftsteller Jan Myrdal in seinem Haus auf dem Land in Skinnskatteberg. Er lebte dort allein mit seiner Katze, fühlte sich von allen vergessen und sorgte sich darüber, was nach seinem Tod mit seiner Büchersammlung geschehen würde. Ein Großteil wurde in mehreren Schuppen aufbewahrt, aber die Bücher, die er am häufigsten benutzte, standen im Arbeitszimmer. Dort bedeckte eine Reihe miteinander verbundener Regale aus sonnengelber Kiefer die Wände. Die simple, gleichzeitig aber raffinierte Konstruktion faszinierte mich. Man konnte die Regalwand ganz einfach erweitern. Die Regale konnten problemlos auch ohne Werkzeug bewegt werden. Myrdal selbst zeigte sich demonstrativ uninteressiert am Design, erklärte mir aber, dass seine verstorbene Frau, die Künstlerin Gun Kessle, die Regale gebaut hatte.

Kurz nach meinem Besuch wurde die Büchersammlung von einem kommunistischen Hotelmillionär gerettet. Als Literaturliebhaber ließ er in Varberg eine Myrdal-Bibliothek sowie ein neues Haus für den Schriftsteller bauen. Es wurde mit Billy-Bücherregalen für Millionen von Kronen eingerichtet. Was mit den alten Regalen passierte, ist mir nicht bekannt. Aber viele Jahre später sah ich ein Bild eines ähnlichen Möbelstücks in einem italienischen Buch. Gun Kessle wurde wohl ebenfalls von Enzo Mari inspiriert.

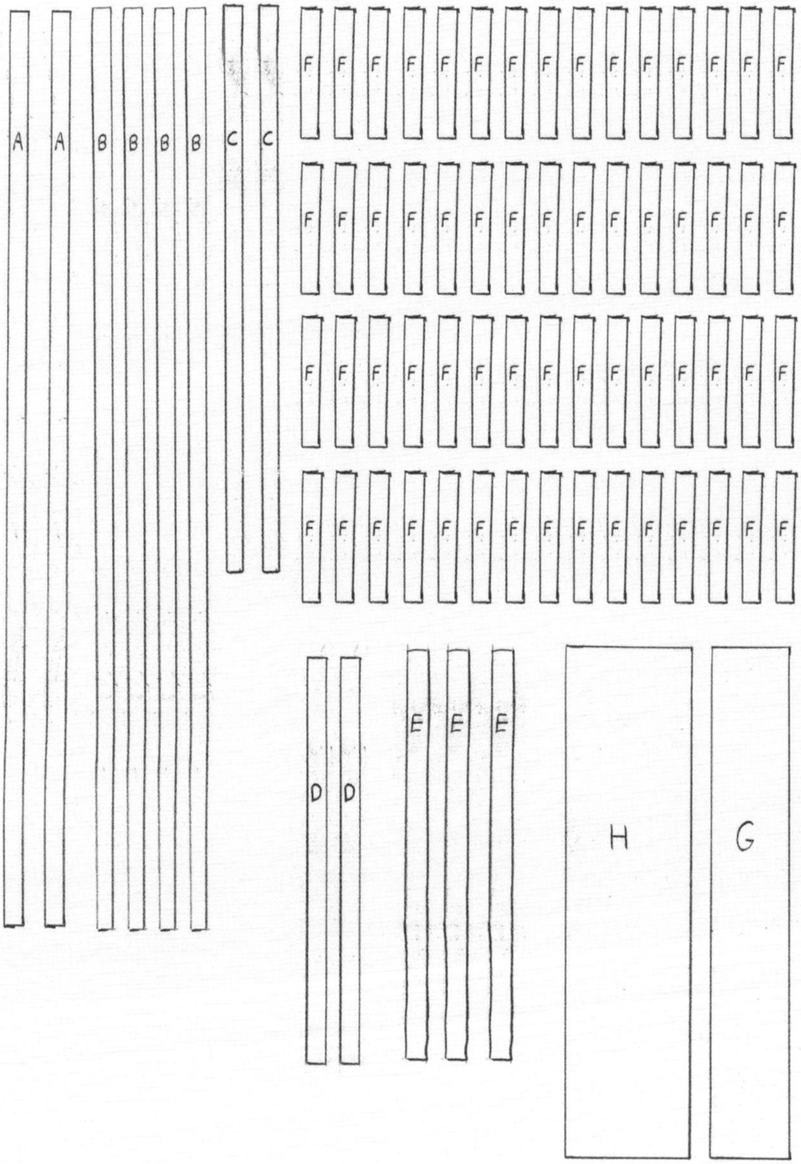
A A B B B B C C
F F F F F F F F F F F F F F F
F F F F F F F F F F F F F F F
F F F F F F F F F F F F F F F
F F F F F F F F F F F F F F F
D D
E E E
H
G

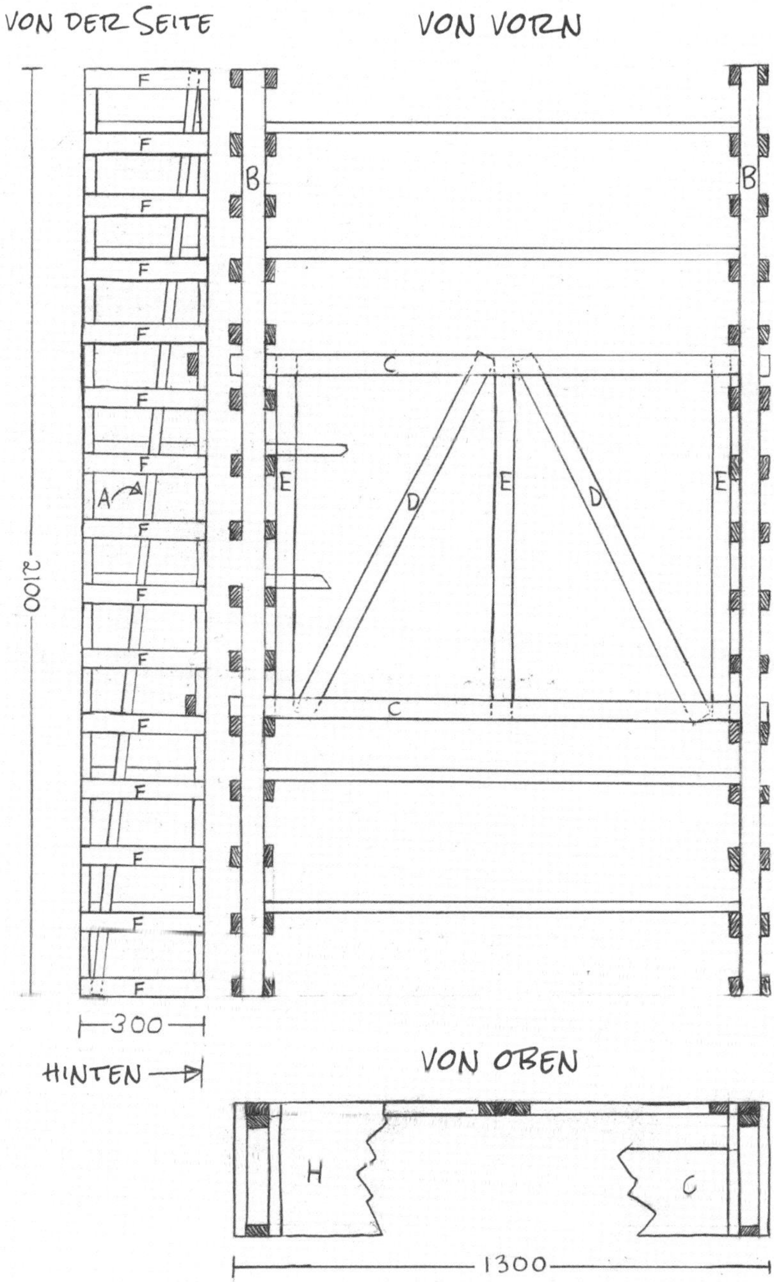
VON DER SEITE
VON VORN
F
B
C
E
D
A
2100
300
HINTEN
VON OBEN
H
G
1300

Teile	Größe	Länge	Anzahl
A	43 × 21 mm	2110 mm	2
B	"	2100 mm	4
C	"	1300 mm	2
D	"	930 mm	2
E	"	835 mm	3
F	"	300 mm	60
G	195 × 21 mm	1170 mm	nach Belieben
H	300 × 21 mm	1170 mm	nach Belieben

1. Beginnen Sie mit einem der Seitenteile: Montieren Sie zuerst eine der obersten und eine der untersten Regalstützen (F) auf die zwei B-Teile, sodass ein Rechteck entsteht. Messen Sie dann diagonal von Ecke zu Ecke und richten Sie das Rechteck so aus, dass der Abstand zwischen den Ecken exakt gleich lang ist. Befestigen Sie das Rechteck dann mit der Querlatte (A).
2. Montieren Sie dann alle F-Regalstützen auf der einen Seite des Rechtecks. Dabei ist wichtig, dass sie gerade sitzen. Der Abstand zwischen zwei Regalstützen soll 104 mm betragen. Sie können sich dafür ein 104 mm langes Brettstück als Abstandshalter sägen. Beginnen Sie von unten und kontrollieren Sie mit einem Anschlagwinkel, ob Sie die Regalstützen auch gerade einbauen.
3. Bringen Sie die F-Regalstützen nun auf der anderen Seite am B-Teil an. Um exakt dieselbe Höhe auf der anderen Seite zu ermitteln, können Sie wieder das Abstandshalter-Brett auf die Oberseite der zuletzt montierten Regalstütze legen.
4. Jetzt wird das nächste Seitenteil gebaut: Wiederholen Sie dabei die Schritte von Punkt 1.
5. Danach können Sie das fertige Seitenteil als Schablone verwenden, das neue Rechteck darauflegen und die Regalstützen auf exakt derselben Höhe einbauen. Sollte ein Teil etwas schmaler sein, dann beachten Sie, dass die Oberseiten der Regalstützen, auf denen die Regalbretter aufliegen, bündig sitzen müssen.
6. Die Stützverstrebung (CDE) bauen: Bringen Sie E mittig zwischen den beiden C-Teilen an, sodass sie ein liegendes „H" bilden. Bauen Sie die beiden restlichen E-Teile ein. Messen Sie dann diagonal von Ecke zu Ecke und richten Sie alles so aus, dass der Abstand zwischen den Ecken exakt gleich lang ist. Befestigen Sie die Verstrebung mit den D-Teilen.
7. Montieren Sie die Stützverstrebung (CDE) an die Seiten (FAB), sodass sie auf einer beliebigen Regalstütze aufliegt, wenn man C auf B montiert.
8. Legen Sie die Regalbretter (G und H) auf. Die stützenden G-Bretter werden vor die Verstrebung gelegt.
9. Möchten Sie das Bücherregal später erweitern, dann montieren Sie eine weitere Seite (FAB) und eine Stützverstrebung (CDE) sowie beliebig viele neue Regalbretter. Beachten Sie nur, dass die Verstrebung nicht auf derselben Höhe wie die erste montiert werden kann. Befestigen Sie das Bücherregal zusätzlich an der Wand, damit es nicht umkippen kann.

Giraffenlampe

Trotz ihres zierlichen Körpers benötigt diese Lampe relativ viel Stellplatz. Hat man diesen zur Verfügung, dann spendet die Lampe über einem Lesesessel oder auf einem Arbeitstisch ein behagliches Licht.

Das dazugehörige Kabel muss nirgendwo befestigt werden. Wenn es auf den beiden F-Teilen aufliegt und um die Spitze von C gewickelt wird, versteckt es sich zwischen den A-Teilen des Lampenkopfes und bildet eine schöne hängende Linie hinunter zum Fuß.

Der Fuß besteht aus zusammengefügten Dreiecken, die die schmale, hohe Konstruktion stabilisieren. Auf der Zeichnung sieht es verwirrender aus, als es in Wirklichkeit ist.

Damit der Lampenfuß später nicht wackelt, empfehle ich Ihnen, Schrauben zu verwenden, wenn Sie ihn zusammenbauen.

1. Beginnen Sie mit dem Lampenarm: Befestigen Sie die beiden F-Teile zwischen den beiden A-Teilen, sodass diese jeweils 20 mm von den Außenkanten der A-Teile entfernt sitzen.
2. Nun den Fuß zusammenbauen: Schrauben Sie eines der C-Teile außen auf die Hauptstrebe B, sodass sich ein 53°-Winkel 570 mm vom Boden entfernt an der Innenseite von B ergibt.
3. Schrauben Sie das E-Teil 230 mm vom anderen Ende desselben C-Teiles an. Es soll mit der Stirnseite gegen die schmale Seite von C stoßen.
4. Verankern Sie das andere Ende von E hinter B, sodass die Winkel zum Boden 67 bzw. 60° betragen (siehe Zeichnung).
5. Bringen Sie das zweite C-Teil ganz unten an das erste C-Teil im Dreieck an. Zusammen bilden sie ein T.
6. Der Fuß wird stabilisiert, indem man G oben auf dem liegenden C-Stück und unter E anbringt, sodass dessen eine Ecke unter der Stirnseite von B liegt.
7. Stellen Sie den Fuß auf. Stabilisieren Sie B zur Seite hin, indem Sie D an den beiden C-Teilen befestigen. Dadurch entsteht ein weiteres Dreieck.
8. Das stehende B-Teil nun zwischen den beiden A-Teilen einführen. Dabei sollte es ca. 300 mm von der Außenkante von A entfernt sein. Verankern Sie das Gestänge so, dass 70 mm von B an der Oberseite von A überstehen und Sie an der Unterseite einen 85°-Winkel erhalten.
9. Legen Sie das Lampenkabel so über die F-Teile, dass es in passender Länge herunterhängt. Wickeln Sie es einmal um den hervorstehenden Teil des Fußes (B). Legen Sie es dann um die Spitze des aufragenden C-Teiles, damit das Kabel in einem schönen Bogen herunterhängt.

Teile	Größe	Länge	Anzahl
A	43 × 21 mm	1720 mm	2
B	"	1780 mm	1
C	"	620 mm	2
D	"	565 mm	1
E	"	480 mm	1
F	"	120 mm	2
G	"	535 mm	1
H	Lampenkabel	ca. 7000 mm	1

B
E
D
C
C
G

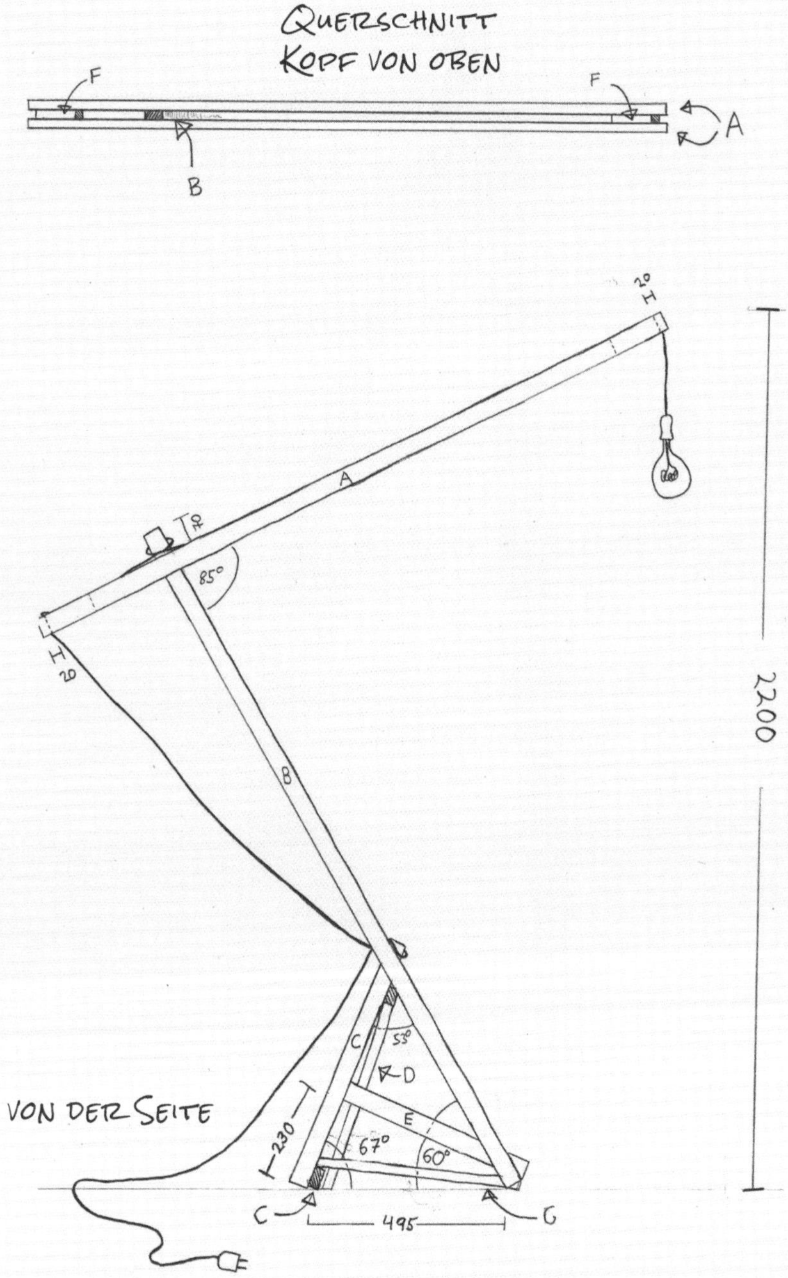
QUERSCHNITT
KOPF VON OBEN
F
F
A
B
A
B
C
D
E
C
G
VON DER SEITE
85°
53°
67°
60°
230
495
2200
20
20
20

A
A
B
C
C
D
E
F
F
G

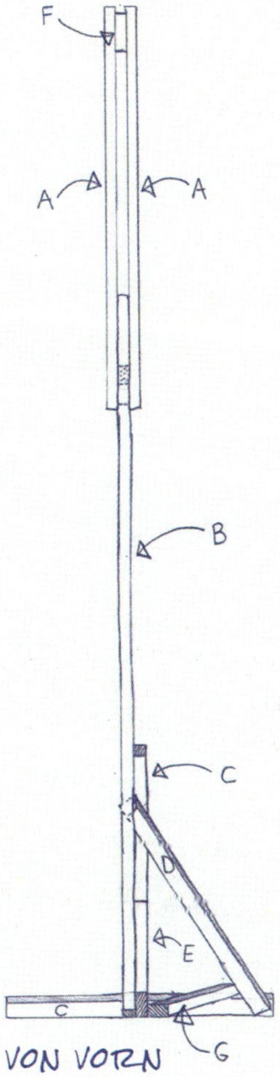
F
A
A
B
C
D
E
C
G
VON VORN

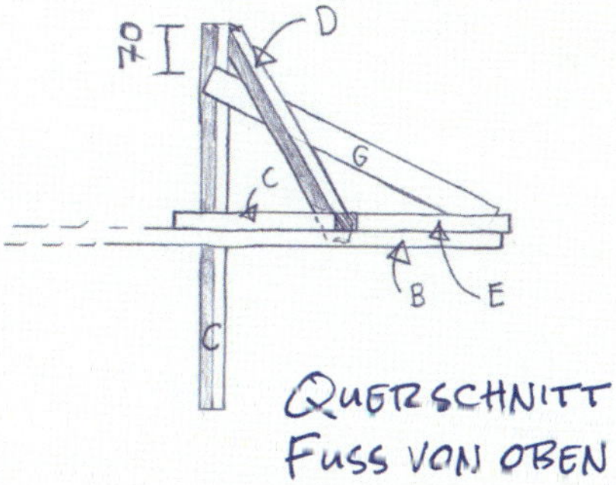
D
G
C
C
B
E
QUERSCHNITT
FUSS VON OBEN

1. Auflage 2021

ISBN 978-3-258-60239-4

Aus dem Schwedischen übersetzt von Marie-Luise Schwarz, D-Ratingen
Lektorat der deutschsprachigen Ausgabe: Uta Koßmagk, D-Wiesbaden
Satz der deutschsprachigen Ausgabe:
Die Werkstatt Medien-Produktion GmbH, D-Göttingen
Umschlaggestaltung der deutschsprachigen Ausgabe: Tanja Frey, Haupt Verlag
Layout: Sebastian Wadsted
Fotografien: Hilda Grahnat, mit Ausnahme von:
Seite 14: © Alamy Ltd.
Seite 23: Stuhl «Sedia 1» von Enzo Mari, Foto von Jouko Lehtola,
© Artek (www.artek.fi)

Die bearbeiteten Zeichnungen der Möbel aus „Autoprogettazione?" werden mit freundlicher Genehmigung des Corraini Verlags verwendet. Die übrigen Zeichnungen stammen vom Autor.

Die schwedische Originalausgabe erschien 2020 unter dem Titel *Hammare & spik* bei Natur & Kultur, Stockholm, Schweden
© 2020 Erik Eje Almqvist

Wir verwenden FSC®-Papier. FSC® sichert die Nutzung der Wälder gemäß sozialen, ökonomischen und ökologischen Kriterien.

FSC
www.fsc.org
MIX
Papier aus verantwortungsvollen Quellen
FSC® C014138

Gedruckt in der Tschechischen Republik

Diese Publikation ist in der Deutschen Nationalbibliografie verzeichnet.
Mehr Informationen dazu finden Sie unter http://dnb.dnb.de.

Der Haupt Verlag wird vom Bundesamt für Kultur mit einem Strukturbeitrag für die Jahre 2021–2024 unterstützt.

Wir verlegen mit Freude und großem Engagement unsere Bücher. Daher freuen wir uns immer über Anregungen zum Programm und schätzen Hinweise auf Fehler im Buch, sollten uns welche unterlaufen sein. Falls Sie regelmäßig Informationen über die aktuellen Titel im Bereich Gestalten erhalten möchten, folgen Sie uns über Social Media oder bleiben Sie via Newsletter auf dem neuesten Stand!
www.haupt.ch

Das Arbeiten mit Holz kann gefährlich sein. Lassen Sie stets Sorgfalt walten, und beachten Sie die nötigen Sicherheitsvorkehrungen. Alle Informationen in diesem Buch wurden nach bestem Wissen zusammengestellt. Dennoch können weder der Autor, noch die Übersetzerin, die Lektorin oder der Verlag die Verantwortung für Unfälle oder Schäden jeglicher Art übernehmen.